本书获得国家社会科学青年基金项目 (No. 22CTJ019)、
北京市教育委员会科技/社科计划项目 (No. KM202210038002)
以及首都经济贸易大学青年学术创新团队 – 数据科学与大数据技术研究团队
项目 (No. QNTD202109) 的资助

网络社团结构成因探究及其对网络中同步动力学行为的影响

马丽丽　刘强　李薨　李琳　李雪茸　索园园 ◎ 著

首都经济贸易大学出版社
Capital University of Economics and Business Press
· 北 京 ·

图书在版编目（CIP）数据

网络社团结构成因探究及其对网络中同步动力学行为的影响／马丽丽等著. --北京：首都经济贸易大学出版社，2024.5

ISBN 978-7-5638-3666-6

Ⅰ. ①网… Ⅱ. ①马… Ⅲ. ①计算机网络-网络结构-研究 Ⅳ. ①TP393.02

中国国家版本馆 CIP 数据核字（2024）第 064427 号

网络社团结构成因探究及其对网络中同步动力学行为的影响
WANGLUO SHETUAN JIEGOU CHENGYIN TANJIU JIQI DUI
WANGLUO ZHONG TONGBU DONGLIXUE XINGWEI DE YINGXIANG
马丽丽　刘　强　李　�

责任编辑　杨丹璇
封面设计　

出版发行　首都经济贸易大学出版社
地　　址　北京市朝阳区红庙（邮编 100026）
电　　话　（010）65976483　65065761　65071505（传真）
网　　址　http://www.sjmcb.com
E- mail　publish@cueb.edu.cn
经　　销　全国新华书店
照　　排　北京砚祥志远激光照排技术有限公司
印　　刷　北京九州迅驰传媒文化有限公司
成品尺寸　170 毫米×240 毫米　1/16
字　　数　114 千字
印　　张　7.75
版　　次　2024 年 5 月第 1 版　2024 年 5 月第 1 次印刷
书　　号　ISBN 978-7-5638-3666-6
定　　价　45.00 元

前言 FOREWORD

大量现实世界中的系统呈现出交互复杂的结构，其中很多可以通过复杂网络这一高维的复杂结构来进行表示，通过涉及数学、统计、凝聚态物理、信息等多领域的复杂网络理论来分析这些结构和其具有的功能以及动力学过程，对全面深入地了解复杂系统进而掌握现实世界的本质规律具有重大的研究意义。随着电子及计算机产业的快速发展，大规模数据存储和计算变得可行，这也带动了复杂网络领域研究的蓬勃发展，揭示网络拓扑结构统计特征以及动力学过程的研究方法、研究成果层出不穷，网络结构与网络动力学行为之间的相互作用和影响也成为复杂网络研究的热点问题之一。本书的研究重点就是网络结构与非线性动力学这两个复杂网络理论中重要且紧密相关的问题。

首先，在网络结构方面，我们对现实网络中普遍存在的社团结构特性的成因做了进一步的探究，以探索复杂网络大数据蕴含的非线性逻辑和内嵌数理机制。本部分的研究是对我们早期提出的基于网络一维圆环潜在度量空间模型的社团结构成因探测机制的改进，借助网络潜在度量空间的更优模型——双曲空间模型，并借助平面最大过滤图法对潜在空间上预测社团结构算法的计算能力进行优化后，利用数值模拟的方式考察预测出的社团结构与可视网络中真实社团结构的匹配程度，通过离散系数对该机制的稳定性进行分析。数值模拟结果显示了根据节点在潜在度量空间中的性质预测节点社团结构的机制的有效性，这从社团结构的角度说明了复杂网络数据中确实是蕴含着数理规律的，这也引发对其他类复杂数据中非线性逻辑及内嵌数理机制的思考：其是不是在这个数据时代实现复杂大数据向科学大数据转变的科学范式?

其次，在网络动力学方面，我们运用改进的 Kuramoto 振子模型来分析单层网络上社团性结构对同步动力学过程的影响。我们通过模型建立了具有无标度以及有偏随机拓扑特征的社团化网络，所生成的网络可以通过混合部分调控网络中社团结构的强弱；通过对生成的不同网络上的同步过程进行模拟和分析，我们看到，减弱社团结构反而能促进全局性同步状态的形成，而强化不同社团结构之间的混合部分，全局性同步都会被推迟。本部分的工作首次在星形网络上发现了“台阶式”爆炸性同步现象，通过理论推导得出了台阶式相变发生的临界点参数化表达形式，从而从理论层面解释了相变阈值的影响因素。另外，我们还对热门的时变网络同样进行了同步过程研究，结果显示时变网络的同步过程不同于静态网络，其生成机制和激活比率主导着同步过程。

最后，我们从多重网络的角度对具有社团结构的网络同步过程进行了更深入的研究。现实网络更多地体现出无标度特性，因此，我们选定具有无标度特征的网络作为研究目标，以更好地反映现实世界。我们定义目标层的外部性为目标层以外的其他层的结构特性以及其他层对目标层的关联强度，并逐项研究了每一外部性对目标层同步过程的影响，其中，目标层以外的社团结构网络具体分为社团结构的混合部分以及网络振子间耦合强度两个可量化的参量。研究指出，外部层中大或强的混合部分会推迟同步的实现，而增强外部层中振子间耦合强度会对目标层同步过程起到一定的加速作用；此外，在节点度与自然频率正相关的前提下，在多重网络同步中我们也可以通过削弱外部层与目标层的层间关联强度得到爆炸性同步现象，这些研究结果证实了社团结构及层间关联等外部性对多重网络同步的重要作用。

目录 CONTENTS

1 绪论 …… 1

1.1 研究背景及意义 …… 1

1.2 国内外研究进展及趋势 …… 4

1.3 本书的主要思想与工作 …… 8

1.4 本书的组织结构 …… 10

2 网络社团结构成因探究 …… 13

2.1 引言 …… 13

2.2 网络社团结构相关知识 …… 20

2.3 网络社团结构成因探究 …… 43

2.4 总结和讨论 …… 59

3 单层网络上社团结构对网络同步过程的影响 …… 61

3.1 引言 …… 61

3.2 改进的网络振子 Kuramoto 同步模型 …… 63

3.3 具有社团结构的网络上爆炸性同步过程 …… 64

3.4 基于简化结构对爆炸性同步现象的解释 …… 69

3.5 有偏随机社团化网络同步的控制 …… 77

3.6 时变网络上同步过程的探索 …… 80

3.7 总结和讨论 …… 85

4 多重网络上社团结构及层间关联对多层同步过程的影响 …… 86

4.1 引言 …… 86

4.2 多层 Kuramoto 同步模型 …… 88

4.3 多重网络中内在社团结构与层间关联对同步过程的影响 …… 90

4.4 总结和讨论 …… 97

5 结论与展望 …… 98

5.1 结论 …… 98

5.2 展望 …… 100

参考文献 …… 102

1 绪论

1.1 研究背景及意义

网络时代的来临将网络学科带入了科学研究的领域，我们时刻被各种各样的网络包围着。作为个体，我们是各种各样社会关系构成的网络中的单元；作为独立的生物系统，我们是生物化学反应网络构成的精美结果。网络可以是欧式空间中的有形目标，例如电力网络、互联网、高速路或地铁系统以及神经网络等；网络也可以存在于抽象的空间中，例如人们之间熟悉的个体或合作关系构成的网络。从历史观点来说，复杂网络的研究是离散数学中图论的分支研究领域。图论诞生于 1736 年，当时瑞士数学家 Leonhard Euler 发表了他对 Konigsberg 桥问题（是否存在一个路线恰好通过 Konigsberg 普鲁士城的桥各一次并且最终回到起点）的解答[1]。自其诞生，图论就见证了许多令人激动的研究进展并且对一系列实际问题给出了答案，诸如管道网络中每个单元的最大流是多少，如何用最少数量的颜色来给图中区域着色使得相邻区域拥有不同颜色，如何将 n 个人分配到 n 份工作中使得效率最大化。图的构成要素即为点和点间连边，这也是网络的构成要素，因此，网络也成为图。伴随着图论研究的兴起，网络的研究也在社会科学等一些专业领域取得了重要的成就。社交网络分析的发展始于 20 世纪 20 年代早期，并且主要关注社会实体间的关系，例如团体中成员之间的沟通交流、不同国家间的贸易往来或者公司之间的经济交易。

最近几十年中人们对复杂网络理论及应用的学习和研究兴趣越发强烈，研究对象包括结构不规则的网络、随时间动态进化的复杂网络等，随着数据分析技术的提升，主要研究对象也从对小规模网络的分析转移到具有上千或上百万节点甚至更大规模的系统上，并且加倍重视对有动态单元构成的网络体现出的特性的研究。Watts 和 Strogatz 于 1998 年在 *Nature* 上发表了关于小世界（small-world）网络的文章[2]；Barabasi 和 Albert 紧随其后，于一年后在 *Science* 发表了关于无标度（scale-free）网络的文章[3]。这两篇文章可以被看作两枚强力种子，激起了新一轮对复杂网络的研究高潮。通过其研究成果我们已经可以看到演员间的物理社团结构等，这些成果的取得也基于计算能力的大幅提升以及对大量真实网络大规模数据集特征研究的可能，这些真实网络数据集包括交通网络、通话网络、互联网和 World Wide Web 网络、电影中演员的合作关系网络、学术合作和引用网络以及各种生物和药物系统（例如神经网络或基因、新陈代谢和蛋白质网络等）。

复杂网络的研究最开始是为了定义和刻画真实网络拓扑结构而提出的新的概念和测量方法，所以早期研究重点主要是网络结构，通过对大量用复杂网络描述出的真实网络结构进行分析得到了一系列大多数真实网络普遍具备的统计特征，例如网络节点的度分布。无向网络中节点的度即为与该节点相连的节点的个数，节点的度分布 $p(k)$ 即为在网络中随机选取一个节点，它的度为 k 的概率，或者等价地定义为网络中度为 k 的节点所占的比例。经过分析发现，ER 随机网络中的度分布为二项分布，近似为泊松分布，而通过对大量现实网络的结构分析人们发现，绝大多数现实网络的度分布呈现出幂律分布的形式，我们称其为现实网络的无标度特性（scale-free），并且现实网络度分布的幂律分布指数一般在 2 到 3 之间[4]。除了度分布之外，现实网络还有很多普遍存在的共同特性被人们发现，如小世界特性、高聚类特性、自相似特性、社团结构特性等[4]。数学图论中提出的模型被证明没能很好地模拟现实情况，而上面这些实证性结果则激发了网络建模的复兴。科学家希望开发新的模型来模拟网络规模的增大以及复制出现在真实网络拓扑结构中发现的结构特性。真实网络的结构是其构成要素连续演化的结果，当然也会影响整个网络系统的功能。人们希望通过这个阶段的研究来掌握复杂网络的结构并且对其建模以推动对复杂网络演化机制的更好了解和对其动态功能性行为的更好理解。随着对网络结构及建模研究的深入，耦合架构被提出，人们通过分析证明了其在网络功能鲁棒性和对外部扰动（如随机失败或目标攻击等）的回应方面有着重要作用的结论，这也首次显露出了通过经验性复杂网络拓扑结构来研究动力系统中大量动态交互行为的可能性。耦合框架下对一些复杂动力系统过程的研究结果表明了网络拓扑结构在决定集体性动力学行为（例如同步过程[5]）或者主导复杂网络中发生的如疾病、信息和谣言传播相关过程的主要特点中发挥的重要作用[6]。

许多关于复杂网络的综述类文章[7-10]和书籍等[11-14]可以方便人们查阅参考。先驱之作是 Watts 关于处理小世界网络结构和动力学问题的图书[11]；Strogatz 在 *Nature* 特刊中发表的关于复杂网络的综述讨论了动态个体构成的网络[7]；Albert 和 Barabasi[8] 以及 Dorogovtsev 和 Mendes[9,13] 将他们的研究焦点放在从统计学机理研究生成图模型上；Newman 的综述则是领域内较为重要的出版物，囊括对结构特性系统性的概述、度量与建模，以及对关于网络上发生的进程的分析，还附有一份全面、准确的参考文献列表；Bornholdt 和 Schuster[12]、Pastor-Satorras 等[15]、Ben-Naim 等[16] 发表的三篇文章以及一本由 Pastor-Satorras 和 Vespignani 联合撰写的图书[14]，都是针对互联网进行的分析和建模；市面上也有一系列的复杂网络通俗读本供读者参考[17-19]，以 Buchanan M. Nexus 为例，其从科学记者的角度讲解了复杂网络这一学科领域[17]。另外，在具体研究领域中和网络相关的多种多样的书籍也已出版。例如：在图论领域，Bollobas[20-21]、West[22] 和 Harary[23] 出版的书是值得引证的；在社交网络分析工作中，Wasserman 和 Faust[24] 以及 Scott[25] 撰写的教科书则被广泛知晓；而文献［26-28］则是对标准图算法的讲述。

近年来，随着社会经济与技术的快速发展，人类社会已经全面迈入网络时代，自然界和人类社会的诸多领域均可以用复杂网络的形式来描述，例如全球因特网、描述社会个体之间关系的社会网络以及交通网络等。复杂网络理论在这些领域的广泛应用可以有效地解决如因特网中数据包的传递，社会网中信息的交流、流言的传播、舆论的扩散，以及城市交通拥塞问题等众多现实问题。正因如此，复杂网络的研究受到数学、物理学、计算机科学、生物医学以及经济学、管理学和社会学等不同领域的广泛关注。对综合了随机、动态、非线性三大特征且日趋复杂的网络结构和动力学行为的深入分析研究，以及针对社会需求而对网络功能的高度优化，已经成为复杂网络研究的基本核心问题。

1.2 国内外研究进展及趋势

自从欧拉 1736 年解决了七桥问题[1]，人们对图本身和它的数学特性有了越来越多的了解[21]。在 20 世纪，图变得极其实用，因为它能代表不同领域内各种各样的系统。生物、社会、技术、信息网络都能够作为图来研究，并且图论分析对于理解这些系统的特点也变得十分重要。例如，社交网络分析始于 20 世纪 30 年代并且成为社会学领域最重要的研究主题之一[24,25]。后来计算机革命给学者们提供了大量的数据和处理分析这些数据的计算资源，人们有潜在能力处理的实际网络的规模也快速增长，达到了百万甚至上亿节点。近年来，随着大数据技术的成熟，可处理的网络规模变得更大，处理如此大规模问题的需求催生了图论领域研究的深刻变革[10,13-15,29-30]。

能够代表真实系统的图并不像格点一样具有规律性，它是有序和无序混合的实体。无序图的范例就是 Erdos 和 Renyi 创建的随机图[31]，也称为 ER 随机图或随机网络，在这个随机图中，每个节点对之间存在连边的概率完全相同，节点间边的分布是高度同质的，一个节点邻居数目即节点度的分布是二项的，所以大多数节点拥有相同或相似的度。而真实的网络不是随机图，它们会展现出很强的异质性，以及高水平的有序性和组织性，比如度分布通常符合幂律分布，因此网络中节点度的差异巨大，存在着度很大的节点的同时，绝大多数节点其实是度较小的节点；此外，边的分布不只是全局的，也是局部异质的，在特殊节点群体中边的密度很高，然而在这些群体间边的密度相对就会低很多，这个真实网络的特征就被称作网络的社团结构[32-37]。网络中的社团也被称为社区、模块、群落，是可能具有共同属性或者在系统中扮演相似角色或者完成同一功能的节点构成的群体，而具有社团结构的网络也可被称为社团网络。

社会上存在着大量的各种各样的团体组织，如家庭、社团、工作圈或朋友圈、村庄、乡镇、国家等，互联网的普及也导致了一些虚拟群体的产生，它们存在于互联网上并借助网络云沟通，如在线的社团等。由于人的存在，基于“人以群分”的特性，社团结构在社会（社交）网络中广泛存在，对社会网络中社团结构的研究也已经有了很多成果[38-41]。除了社会网络之外，社团结构也出现在很多来自生物学、计算机科学、工程学、经济学、政治学等的网络化的系统中。例如：在蛋白质交互作用网络中，社团结构很可能对应具有相同细胞内特定功能的蛋白质群体[42-44]；在 World Wide Web 网络中，社团结构可以对应处理相同或相关主题的网页[45,46]；在新陈代谢网络中，社团结构会对应诸如循环和路径的功能性模块[47,48]；等等。

社团结构还有许多具体的应用。例如：将具有相似兴趣爱好并且地理上彼此相近的网络用户聚类在一起可以提高 World Wide Web 的服务水平，每个聚集后的用户群体可以由一个特定的镜像服务器提供服务[49]；通过在线零售商建立顾客和产品之间的采购关系从而组成一个网络，识别该网络中具有相似兴趣的顾客群体，使得人们能够建立高效的推荐系统[50]，从而更好地通过零售商产品列表来指引消费者并且增加商业机会；大规模图中的社团结构可以被用来创建数据结构，以便能够高效地存储图的数据以及处理导航型查询，如路径搜索[51,52]；点对点模式网络[53]［例如，由在相同区域内快速变化（比如由于装置的移动）的通信节点组成的自组织网络］通常没有保持不变的路由表来明确节点如何与其他节点通信，如果将节点聚类成模块，可以使得人们能够生成压缩的路由表并且既满足通信路径的选择又保持高效的导航性[54]。

除了对网络拓扑结构方面的研究进展之外，在网络动力学行为方面的研究也一直同步进行着。20 世纪 90 年代以来，科学家们已经探索了在由耦合单元构成的大规模网络上出现的群体的同步动力学行为，涉及生物生态[55-57]、半导体激光器[58-61]、电子电路[62,63]。回顾为评定网络系统的同步而提出的一些技术，我们首先要描述其主要的应用，尤其是从耦合结构中选取能够提高同步特点的优化拓扑结构，这一步实际上已经定义了一个方便理解许多相关情况的新框架，例如动态系统构成的网络在其自身架构下随时间变化而出现突变，或者网络自身作为动态实体而演化等。

同步是很多系统内都存在的一种过程，根据适当的耦合结构或者外力来调节它们自身运动中的性质。“同步”这个词最初来源于希腊词根 σùγχρόυοζ，意思是分享共同的时间。自从物理学诞生起，同步现象就已经被积极地研究过。事实上，早在 17 世纪，Christian Huygens 就发现了吊在同一根横梁上的两个钟摆可以将它们的震荡相位完美同步[64]，如图 1-1 所示。其他早期发现的同步行为的例子包括萤火虫的同步发光，邻近的管风琴在一些时候能够将另一个的声音减弱到无声或者几乎发出完全相同的音。最初，人们的注意力主要集中于周期系统的同步，然而随着研究的进展，后期对同步的研究已经转移到了混沌系统[65]。当无序的元素耦合在一起时，很多不同的同步现象会发生，从完全同步[66-68] 到相位同步[69,70]、延迟同步[71]、广义同步[72,73]、间歇性延迟同步[71,74]、不完全相位同步[75] 以及几乎同步[76]。完全同步是同步中最简单的形式，指的是在时间演变过程中完全混沌的系统存在着完美重合的轨道；广义同步则相反，其考虑多个系统并且将一个系统的输出和另一个系统的输出构成的函数联系起来[72,73]；耦合在一起的非同一振子能够达到相位同步，在其中会产生一个固定的相位状态，而与振幅并没有本质的相关性[69]；延迟同步是指在 t 时刻两个系统输出的差异的渐近线边界在延迟时间 τ_{lag} 内渐近线有界[71]；延迟同步的现象也可以间歇性地发生，其实耦合的系统在多数时间都是符合延迟同步的，但是间歇性爆发的局部非同步行为会影响系统的同步动力学过程，这就是间歇性延迟同步[71,74]；类似地，不完全相位同步是一种在相位同步过程中相位间歇性跳跃的机制[75]；几乎同步意味着一个系统的子集与另一个系统对应的子集间的差异渐近线有界[76]。这些连续的创始性工作是为了探究拓展空间或者无限维系统中的同步现象[77-80]，检验实验和自然系统中的同步[81-86]，研究导致去除同步的机制[87,88]，以及定义出能囊括不同的同步现象的统一结构和形式[89]。参考文献［65］中详细介绍了到目前为止在混沌系统和拓展空间领域不同的同步状态研究情况。

图 1-1　17 世纪发现的钟摆同步现象[64]

大体上所有这些状态都可以在复杂网络中获得，从历史角度来说，这里的同步过程研究开始于处理具有无标度或者小世界交互结构特征的振子[90-95]，在这之后，从能够进行理论分析的角度出发，同步方面的研究主要集中于完全非线性系统中的同步现象。除此之外，自适应地并且动态地建立联系是那些自身动态变化的网络的特性，这意味着它们的拓扑结构不是固定的，而是受一些外部行为或者内部元素的影响，或者根据一些事先给定的演变规则，网络结构允许随时间演化并自适应，我们称其为时变网络。有关时变网络的研究开始于对诸如基因管理网络、生态系统、金融市场等动态变化系统的建模。时变网络也可以恰当地描述出现的一系列技术相关的问题，例如移动的并且无线相连的个体。有关时变网络的研究工作虽然已经取得了一定的成果，但还没有得出稳定的结论。科学家们相信，随着各领域研究水平的提升，未来时变网络相关方面会取得巨大的成就。因此，对时变网络的研究仍然吸引着大量的研究注意力。

1.3 本书的主要思想与工作

涉及网络的科学研究，诸如计算机网络、生物网络和社交网络等，都属于涉及多方面内容的交叉学科研究领域，包括数学、物理、生物、计算机科学、社会科学等。网络学科的研究从这些众多学科的实践者带来的宽泛视角中获得了非常大的益处，但是也“深受其害”，因为人们对网络科学的了解分散在不同的科学领域，一个领域内的研究学者通常无法掌握其他领域所获得的网络科学的发现和进展。过去，很多领域的科学家们为了更好地分析、模拟和理解网络科学而开发了大量的数学、计算和统计工具，这些工具中的很大一部分源自简单的网络模型，在经过合理的运算后会告知一些对研究有用的关于这个网络的信息，例如哪一个是连通性最好的节点，或者某个节点到其他节点的路径长度；还有采用网络形式作为模拟工具可以得到系统上发生的进程的数学层面的预测，例如疾病通过社区传播的方式和预期范围等，这些工具理论上可以应用于所有能以网络形式表达的系统，因为它们在网络中是以抽象形式进行表达的。因此，如果你对一个系统感兴趣，并且这个系统可以通过网络有效表达，那么就会有上百种已经被开发的成熟的工具可以应用到对该系统的分析中。当然，不是所有的这些工具都会给出好的结果，具体哪个方法或运算对某个特定的系统适用，取决于这个系统是什么样子并且在处理怎样的过程，以及你想解答的关于这个系统的具体问题。相关方面的研究显示，复杂网络是一个综合且强大的能够表示系统中的部分与部分间连接或者相互作用模式的方法。

复杂网络问题的研究主要可分为结构及功能特性研究、动力学行为研究两大方面。在网络结构性分析方面，目前主要通过现代图论以及统计力学中的平均场理论进行静态或时间片段堆积的研究。不论从现实世界网络获得的经验规律还是从理论分析中获得的分析结果，我们都不难发现，社团结构是复杂网络结构中的一个尤为重要的概念。在一个社交网络中，紧密连接的节点群体代表属于社交团体的人们；在 World Wide Web 网络中，紧密连接的节点群体通常代表具有共同主题的网页；在细胞和基因网络中的社团结构一般和功能模块相关。因此，识别并且合理地运用网络中的模块结构对于理解网络功能性以及深入认识复杂架构中连接关系的具体层次都显得十分重要。基于此，我们投入了适当的精力在网络社团结构成因的探究中，在我们原有相关研究的基础上，进行模型优化和计算能力提升之后，得到了更加适用的方法和结果。本部分的研究主要借助复杂网络潜在度量空间模型中被证明更加具有现实优势的模型——双曲空间模型，以及最小权生成树的优化算法——平面最大过滤图法进行机制的优化调整，以在原有研究的基础上，进一步探究我们之前得到的有关网络社团结构成因的相关结论。

另外，我们投入精力最大的内容就是对网络动力学过程中的典型代表——同步过程进行的研究工作。在复杂拓扑结构上的同步过程中，每个点被看作一个 Kuramoto 振子，对此进行的研究最先以 WS（Watts－Strogatz）小世界网络[11,94] 和 BA（Barabasi-Albert）无标度网络[96,97] 为研究对象，主要是同步现象出现的数值方面的探索，他们的主要目标是节点群体首次出现一致行为时的临界点的描述。在参考文献［94］中，作者根据一个高斯分布为以概率 p 进行随机化重连的 WS 网络中的振子选择固有频率，并探索了加入长程连边后序参数的变化情况。文献［97］也对 BA 网络中的相同问题进行了研究，在他们的相关参数设置下，系统的全局动力学行为与最初的 Kuramoto 模型展现出量化上完全相同的情形。科学家认定复杂网络的结构和功能特性与网络中实体上的各种动力学行为之间必然存在某种内在的紧密联系。考虑到我们最初对复杂网络社团结构的研究，再结合网络同步动力学行为，我们就产生了将两者结合在一起共同研究的思路。社团结构是现实网络体现出的普遍属性，同步过程又是独特的耦合演化过程，因此结合在一起的研究可以更为深入地探索网络结构对动力学行为的影响和作用，必然具有很大的学术意义。实际上之前人们对宏观结构与同步过程已经进行了一定程度的研究[97-100]，但是对于介观层面的网络结构（如社团结构等）与同步动力学过程之间关系的研究比较匮乏，尤其是网络“爆炸性同步”[101] 这一新现象在2011年被发现之后，网络介观结构对其影响的探索还需大力度进行。本书中相关方面的研究重点首先是利用我们改进的网络振子Kuramoto同步模型在具有社团结构的网络上进行爆炸性同步过程的分析，并同时对有偏随机社团化网络上的同步过程的控制以及时变网络上的相关内容进行了研究；我们还研究了多重网络中社团结构及层间关联这些特性对多重网络中多层同步过程的影响。结果显示，模社团结构的强弱对网络局部和整体同步都起着至关重要的作用。这些工作也为网络结构与非线性耦合动力学行为的研究提供了新的思路和机制。

1.4 本书的组织结构

本书主要探讨与网络结构和功能特性都密切相关的网络社团结构（也称为模块化结构）对网络上同步动力学过程的影响。其中，第1章为绪论；第2章主要介绍网络社团结构相关知识，并重点介绍了优化之后的社团结构成因的探究机制；第3章和第4章则重点研究了网络社团结构对网络同步这一动力学过程的影响，分别在单层网络和多重网络上进行分析探究。

本书的具体组织结构如下：

第1章是绪论。1.1节主要介绍了复杂网络理论尤其是结构、动力学及功能特性等方面的研究背景和实际复杂网络的具体问题。1.2节简要介绍了以复杂网络为平台的网络结构与功能问题、动力学行为等方面相关领域的研究现状、最新成果及发展趋势，重点介绍了复杂网络结构对功能和网络动力学过程的交互作用及影响。1.3节主要介绍了作者在复杂网络社团结构及同步动力学过程相关领域的学术思路和所做工作，指出了研究过程中创新思想的来源和动机。1.4 节简要说明了本书的组织结构。

第 2 章阐述我们提出及优化之后的网络社团结构成因探究方面的内容。2.1 节对相关方面的研究背景及结论进行了介绍。2.2 节总结了网络社团结构相关基础知识，包括定性及可以使用的定量的定义、网络社团结构强弱的若干度量标准、传统的社团探测算法及基于机器学习的社团探测算法。2.3 节展示了我们之前提出的社团成因探究机制及本书优化之后的机制及相应的数值模拟结果。2.4 节总结并讨论了本章内容。

第 3 章基于网络爆炸性同步现象的首次出现以及通过混合部分控制网络社团结构强度这一思路来探索网络聚类结构对同步动力学过程的影响效果。3.1 节简要介绍了网络同步过程的研究范围和研究现状，以及各种复杂网络结构特性引入后其在网络同步过程中的多方面研究成果和研究意义。3.2 节重点介绍了网络结构化的振子模型，也就是 Kuramoto 模型。3.3 节介绍了构造社团化结构网络的算法模型以及生成网络对应的同步过程结果。为了从理论层面解释爆炸性同步，3.4 节提出了我们首次创立的连接的星形结构，介绍了在其上发现的独特台阶式同步现象，并针对所获得的模拟结果给出了很好的理论解释。3.5 节构建了更为一般化的社团化网络——有偏随机化社团网络，研究了该网络上社团结构对相对一般社团网络上同步过程的影响。3.6 节介绍了基于活动驱动模型所构造的时变网络，提出了时变网络上的同步模型，并对不同时间尺度上的时变网络同步进行了探索。3.7 节总结了本章研究结果，并对未来研究前景进行了展望。

第 4 章从多重网络的角度深入探索了社团结构等多因素对多重网络同步过程的影响结果。4.1 节介绍了多重网络以及无标度的概念及其在现实世界网络结构中存在的普遍性，强调了研究的重要意义。4.2 节构造了多重网络上的同步过程模型，介绍了模型参数以及同步结果的刻画方法，解释了本章研究目标选取的结果和原因。4.3 节介绍了真实网络中聚类的普遍性并通过构造社团化结构层进行了展现，分别具体研究了社团化强度等外部性因素对多重网络同步的影响。4.4节总结了我们迈出的外部性对特定层的同步过程影响研究的第一步，并对多重网络同步问题的研究做出了展望。

第5章总结了本书全部内容，回顾了所研究的问题、研究所采用的方法以及取得的创新性成果。同时，本章对本书相关研究中尚未解决的问题进行了讨论和展望。

2 网络社团结构成因探究

社团结构是大多数现实世界网络共同具有的结构特性。本章重点介绍我们有关网络社团结构成因方面相关研究的内容，在对社团结构相关知识背景进行较为详细的总结介绍之后，回顾我们在之前的专著中介绍过的一维圆环模型上的社团结构成因探测机制及效果，进一步提出借助双曲圆环模型及平面最大过滤图法对原机制进行改进。数值模拟结果再一次显示了我们确实可以借助节点在网络潜在度量空间中的性质来预测其真实的社团结构，再一次从社团结构的角度验证了复杂网络大数据中潜在数理机制的存在。

2.1 引言

在网络科学研究领域，网络社团结构在人工生成的复杂系统和真实复杂网络的研究中都得到了非常广泛的研究及应用[36,46,48,102-103]，尤其随着互联网的发展，对社交网络尤其是在线社交网络的研究大规模兴起，而社团结构是社交网络中非常重要的一个结构特性，因此社交网络研究的兴起使得对社团结构相关研究及应用的注意力始终不减。网络社团结构用于描述网络中节点间的聚类程度，与社团外部相比，社团内部节点间聚类较为强烈，从而具有较多的连边关系[37,104]。社团结构也称模块结构（community 或 module），抽象地表征网络节点间的拓扑关系以及网络的功能构型[105,106]，体现着内部节点之间频繁且紧密的交互行为或具有的相似功能等方面的关系；社交网络也称为社会网络，具有相似背景或者兴趣爱好的个体往往会倾向于参与同样的团体组织，从而形成社交网络中的社团；而在蛋白质网络中，拥有同一项功能的蛋白质之间的信息交流往往会更为密切[107]，从而形成蛋白质网络中的功能模块（见图 2-1）；除此之外，万维网中的语义串[46] 以及神经网络中提到的功能块[108] 等均是网络社团的典型例子。社团也称为社区，被认为有助于揭示网络结构和功能之间的关系。因此，社区发现具有重要的现实意义。首先，人们通过挖掘和分析网络社区结构可以了解网络含有的更为丰富的内容，理解网络社区组织结构的发展规律以及它们之间拓扑结构的相互关系等。例如，在引文网络社区中，基于网络社区理论，可以根据主题词、作者、内容、单位进行文章搜索与发掘，可以按照用户搜索词进行相关推荐，或者对引用次数及质量进行分析从而确定影响因子，或者进行查重算法的设计；再如，在生物化学网络中，社区可以是某一类型的功能单元，发现其社区结构有助于更加有效地理解和开发这些网络，如生物学领域的食物链分析、人类基因库分析等。其次，网络社区结构对网络中的动力学行为（例如谣言传播、疾病暴发、肿瘤演化等）有着非常重要的影响。通过社区发现，我们可以更为深层次地挖掘网络动力学行为的本质，从而更好地实现网络功能。例如，在流言和疾病的传播中，由于社区内部连边较为紧密，因此传播行为会受到社区的影响和限制；再如，在网络同步动力学行为的研究中，网络社区结构的强弱影响着网络全局性同步状态的形成等。再次，社区发现在个性化信息服务方面的表现极为突出。在挖掘出网络的社区结构之后，能够显示根据兴趣、职业、地域、背景而形成的真实的社会团体（见图 2-2），从而可以进行人物分析、职业推荐、圈子推荐、好友推荐、校友发现及精准广告投放。这主要基于：虽然社区内的某个用户只和那些与其有直接边相连的用户产生互动，但实际上在这个社区内，他和那些与其没有直接边相连的用户也很“近”。因此，在做好友或产品推荐时，属于同一社区的用户之间应该优先进行推荐。

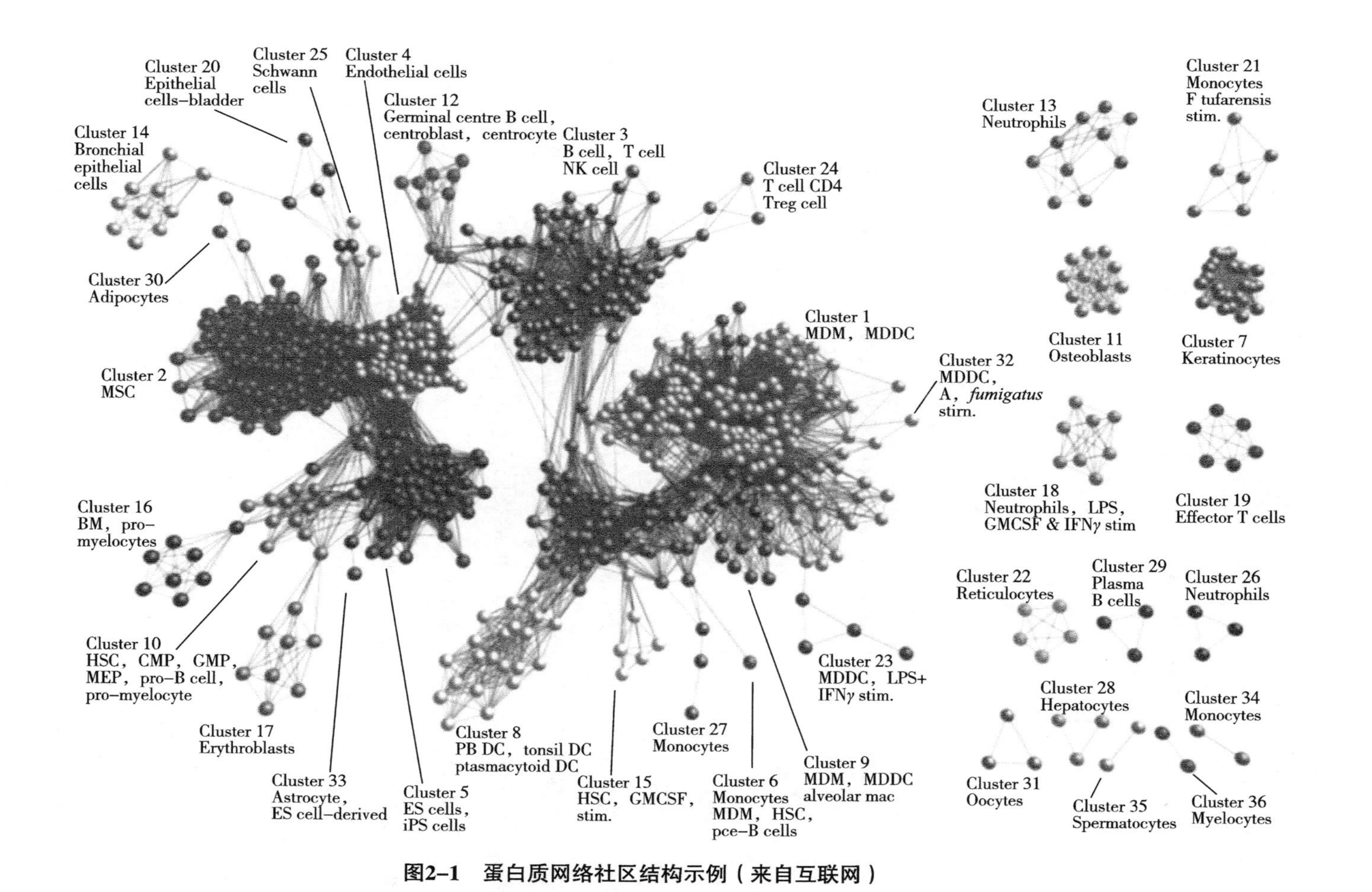

图2–1 蛋白质网络社区结构示例（来自互联网）

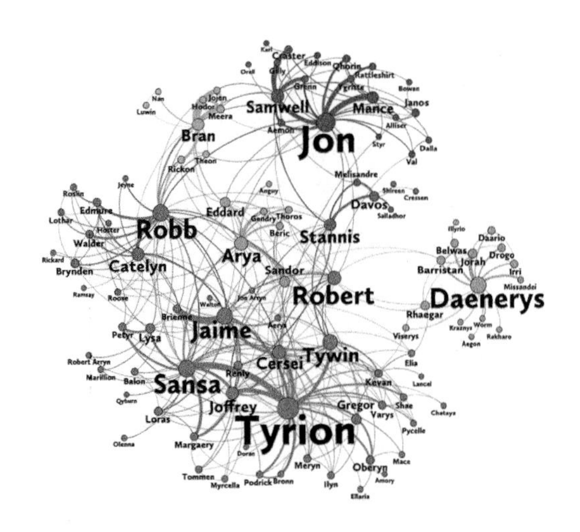

图 2-2　《冰雨的风暴》中人物社交网络的社区结构展示（来自互联网）

虽然目前网络社区的研究已经非常成熟，应用也极为广泛，但是网络社区一直没有一个被广泛接受的、统一的数学定义，人们只是从直观角度认为一个社区是网络的一个子网络，其内部联系紧密、外部联系稀疏。虽然没有公认的社区的量化定义，但是有科学家提出了几种可以使用的量化定义方式。例如：基于连接频数的定义方式，即通过定义内外部连接频数，与网络平均连接频数对比得到某个网络子集是否可以成为网络的一个社区；强弱社区的定义方式给出了网络中某个子集是否能成为网络的一个强社区或者弱社区的量化判断标准；网络 LS 集的概念给出了网络社区的更加严格的量化定义方式；另外还有在重叠社区研究中被广泛使用的借助于派系的定义方式。

网络社团结构的现象被发现广泛存在于现实网络中之后，提取这些社区结构并研究其特性，有助于在网络动态演化的过程中理解和预测其自然出现的、关键的、具有因果关系的本质特性。因此，研究者们花费了大量的精力着眼于社区探测算法的开发。社区探测算法众多[109-113]。早期由于数据分析技术不够发达，有关网络社区探测的算法较为传统，按照算法设计思想可以分为分裂算法和凝聚算法，另外还有一些基于网络上数据流分析的算法。近些年来，随着大数据时代的到来，数据分析技术突飞猛进，带来了基于机器学习等数据分析技术的社团结构探测算法的进一步发展。网络社团结构的这些探测算法往往是基于对网络社团内部联系紧密而外部联系稀疏的直观定义，且对同一个网络采用不同的探测算法可能会得到不同的探测结果。因此，在网络社团结构的研究中，一个非常必要的问题是如何判断网络社团划分结果的好坏以及一个网络社团结构的强弱。Newman 提出的网络模块性 Q（network modularity）指标是此方面最早的评价指标，得到了研究界的公认，并在相当长的一段时间内被广泛使用于社团探测算法的设计中，由具有较大 Q 值对应的网络节点划分结果被认为是该网络的较好的社区划分结果，同时，不同网络之间具有较大 Q 值的网络被认为是具有较强社团结构的网络[109,111,114]。模块性度量指标的提出曾掀起人们对网络社团结构研究的热潮，涌现了众多重要的研究成果，但随着研究的深入，由 Q 定义本身造成的内在局限性逐渐显现[115-119]：首先，由于 Q 的定义是基于网络实际连接情况与完全随机条件下连接情况的对比，差别越大则 Q 越大，则相应的社区划分算法越优秀或者相应的网络社团结构越明显，但是与实际网络不同，完全随机网络中很可能存在着自环和重边的情况，以此种情况作为对比的参考情况缺乏合理性；其次，随着 Q 在社区探测算法中的广泛应用，人们发现其无法探测出连接紧密但是规模较小的社团。基于上述劣势，研究者们设计出了若干其他度量指标，如改进后的 Q[117]、模块密度 D 及网络的 fitness 度量标准[120] 等，另外也可以借助测试集网络衡量某个社区探测算法的好坏，详见本章 2.2 节的相关知识介绍（benchmark 模型[118]）。

在复杂网络研究领域，社区结构研究的一个重要目的就是揭示网络结构和功能之间的关系，而作为连接网络结构和功能的重要纽带，网络动力学（此处主要指网络上发生的动力学行为）得到了很多学者的关注。社团结构作为现实网络普遍存在的主要共同特性之一，对网络上的各种动力学过程有着不可忽视的影响，此方面也得到了科学界的广泛关注。例如：有学者在网络上疾病传播的过程中发现社团结构对疾病传播的影响，疾病短时间内在节点所在社区首先传播开的可能性较高，之后才扩展到其他社区[121]；有学者关注到了社团结构对网络上同步动力学过程的影响[5]。另外，社团结构除了是揭示和理解复杂网络结构和功能特性的有力工具之外，也是影响网络路由选择和网络导航的重要因素[122]。早在20世纪60年代，人们就发现了现实世界网络具有很好的导航性[123-127]，该结论来源于当年非常经典的“六度分离”实验，也称“小世界”实验[123]。该实验由美国哈佛大学社会心理学家Milgram为研究人口统计学而设计，他首先在美国马萨诸塞州选定了两个目标收件人：沙朗的一位神学院研究生的妻子和波士顿的一个证券经纪人。然后在遥远的内布拉斯加州和堪萨斯州招募到一批志愿者，为他们提供了目标收件人的大概位置和职业，要求只允许将包裹直接寄给他们知道名字的人，目标是通过尽可能少的熟人使目标收件人收到这些包裹。实验结果表明，要跨越宽广的地理和社会环境收到这样一封信，仅仅需要5个中间人，即从一个志愿者到其目标对象的平均距离只有6，因此该实验被称为“六度分离”或“六度分隔”实验。该实验也说明了社会网络的平均距离是非常小的，人们将其总结为社会网络的小世界现象。后来，人们在对其他类型现实网络的分析中也发现了类似的特性，因此小世界被认为是现实网络中普遍存在的共同特性之一。“六度分离”实验激起了人们对小世界网络的研究热情。实际上，除了小世界现象，通过对“六度分离”实验中包裹的传递过程进行分析发现，现实网络还存在另外一个重要特性——良好的导航性[128-130]：人们可以通过少许信息找到人与人之间的短路径，即可以通过局部信息快速地找到一条从起始节点到目标节点的短路径。

为了解释网络的良好导航特性，2009年西班牙物理学家Marián Boguñá等人提出了复杂网络潜在度量空间的思想[131]，他们认为现实网络都隐藏着复杂的内嵌数理机制，他们以潜在度量空间的形式来描述，即网络节点同时存在于我们见到的网络结构中以及我们见不到的隐藏的某个几何空间中，而网络上的传播及网络结构的演化都是在该几何空间中节点潜在的性质的指导下完成的，因此现实网络才呈现出如此良好且稍显不可思议的性质[131-133]。早期他们提出的潜在度量空间为一维圆环模型，第二年更新为双曲空间模型，由此带来了对现实网络生成模型的新一轮的研究，大量的实验被用来基于双曲空间模型进行网络中诸多共同特性形成原因的研究，包括我们常提到的无标度、小世界、高聚类[131,132]、社团[4] 等，也包括基于双曲空间模型设计新的路由搜索算法，从而打破了在因特网结构实时变化越来越频繁的情况下路由表固定不变无法实时更新给因特网中搜索算法带来的发展瓶颈。大量的研究实验及分析说明了绝大多数现实网络的潜在度量空间模型是双曲空间模型[134,135]，该模型将网络嵌入一个具有负曲率 K 的双曲空间中，以空间温度 T 来调节生成网络的聚类，也有研究显示 $K=-1$ 时对网络的模拟效果最好[135]。随着研究的深入，借助双曲空间模型进行网络分析的方式在很多研究领域被广泛应用，包括脑网络[136]的研究、交通拥塞的研究[137,138]、链路预测的研究[139]、时变控制系统的研究[140] 等。实际上，在当今大数据时代，不只网络数据，各类数据的数据量及复杂度都大幅提升，虽然设计出了很多相关的机器学习算法，但是算法的可解释性是一个较大的问题。因此，探索各种类型复杂大数据蕴含的非线性逻辑和内嵌数理机制，可以形成复杂大数据向科学大数据转变的科学范式。在复杂网络大数据方面，潜在度量空间模型的理念符合网络大数据研究的这一目标。受网络潜在度量空间思想的启发，我们也在这方面进行过一些研究并获得了一定的研究成果：最早的时候，受 Marián 等人提出的一维圆环潜在度量空间模型启发，我们基于该模型设计过网络社团结构成因的探究机制，并且成功发表相应的研究成果[4]；后来，我们又分别在一维圆环模型和双曲空间模型上设计了以度量为代表的节点异质性的预测机制，主要原因是在规模日趋庞大、复杂度日趋提高的情况下，网络具体结构的获取变得更加困难，而无法得知网络具体结构，就无法找到网络中哪些节点是重要节点，从而影响网络相关方面的研究，如对网络的目的攻击、随机攻击等，我们设计出的异质性预测机制可以在无法获得网络具体结构的情况下预测出网络中的重要节点集合。相关成果也成功发表[141,142]。除了以上理论研究的成果之外，随着数据分析技术的提升，有关复杂网络潜在度量空间的算法方面也有很大的进步，实现了给定一个现实网络的数据，根据算法找出其潜在的双曲空间模型，得到节点在潜在几何空间上的坐标，大大推动了潜在度量空间模型在现实数据上的进一步应用[135]。

本章的目的是在总结社团结构相关知识以及我们之前有关社团结构成因探测机制相关成果的基础上，对原机制进行模型及算法的优化后，再一次深入探究网络社团结构的潜在成因，为复杂大数据内在数理机制方面的研究继续添砖加瓦。

2.2 网络社团结构相关知识

本节是本章内容的社团结构相关基础知识介绍，主要包括网络社团结构的直观定义、若干可用的量化定义，在总结社团探测算法之前，介绍评价算法正确与否的标准以及算法好坏的标准，最后按类别总结社团探测算法，为后续新的社团成因探测机制的提出做基础知识准备。

2.2.1 定义

上一节中我们介绍过，有关网络社团的定义一直以来被广泛公认的就只有科学家们最早提出的直观上的定义，即内部联系紧密而外部联系稀疏的网络子集，这里的联系指的是节点之间的连边，因此社团被认为是内部边数较多而外部边数较少的节点子集。在此基础上，虽然没有得到特别广泛的认可，但是也有学者提出过一些可以使用的社团的量化定义方式，本节将对其进行介绍。

2.2.1.1 基于连接频数的社区定义

假设 S 为网络 G 中的一个子图，子图 S 中的节点个数记为 n，定义：

①子图 S 的内部连接率/频数：

$$\delta_{in}(S)=\frac{S_{in}}{n(n-1)/2}$$

其中，S_{in} 表示子图 S 内部的实际边数，n（n−1）/2 表示子图 S 中最多可能的边数。

②子图 S 的外部连接率/频数：

$$\delta_{out}(S)=\frac{S_{out}}{n(N-n)}$$

其中，S_{out} 表示子图 S 的外部实际连接边数，N 为网络 G 中的节点总数，则 S 内部与外部最多可能的连边数为 n（N−n）。

③整个网络 G 的平均连接率/频数：

$$\delta(G)=\frac{m}{N(N-1)/2}$$

其中，N 为网络 G 中的节点总数，m 表示网络 G 中的实际连接边数，N（N−1）/2 表示整个网络 G 中的最多可能边数。

则对于网络 G 中的某一个子图 S，若其满足 $\delta_{in}(S)>\delta(G)$ 且 $\delta_{out}(S)<\delta(G)$，则称子图 S 为该网络中的一个社区。

2.2.1.2　强、弱社区的定义

（1）强社区

假设 S 为网络 G 中的一个子图，若满足 $k_i^{in}>k_i^{out}$，$\forall i\in S$，其中 k_i^{in} 表示节点 i 与子图 S 内部的节点的连接边数，k_i^{out} 表示节点 i 与子图 S 外部的节点的连接边数，则可认为子图 S 为网络 G 的一个强社区。

因此，若 S 是网络 G 的一个强社区，则其内部每一个节点都满足 $k_i^{in}>k_i^{out}$，即 S 中的每个节点处，内部连接数都多于外部连接数。

（2）弱社区

若子图 S 满足 $\sum_{i\in S}k_i^{in}>\sum_{i\in S}k_i^{out}$，则可认为 S 为该网络的一个弱社区结构。

与强社区要求内部每个节点处内部连接数都多于外部连接数相比，弱社区只需要 S 内部所有节点的内部连接总数多于外部连接总数就可以了。

（3）最弱社区

设 S_1，S_2，…，S_p 是网络 G 的所有社区，对于子图 S_k，若对 $\forall i \in S_k$，均满足 $k_i^{in} \geqslant k_{i,S_j}$（$j \neq i$，$j=1$，2，…，$p$），其中，$k_{i,S_j}$ 表示子图 S_k 中的节点 i 与子图 S_j 中所有节点之间的连接边数，则 S_k 称为 G 的一个最弱社区。

（4）改进的弱社区

结合最弱社区的概念，对弱社区的定义进行改进：若 $k_i^{in} \geqslant k_{i,S_j}$（$j \neq k$，$j=1$，2，…，$p$），且 $\sum_{i \in S_k} k_i^{in} > \sum_{i \in S_k} k_i^{out}$，则称 S_k 为 G 的一个弱社区。

对于如此定义的弱社区，很明显，强社区一定是弱社区，弱社区一定是最弱社区，但反之均不一定成立。在社区探测中，弱社区的定义更为常用。

2.2.1.3　LS 集

网络 G 中的一个 LS 集是由网络中部分节点构成的一个集合，它的任何真子集都具有与该集合内部的连边比与该集合外部的连边多的特征。从定义中不难看出，LS 集是比强社区还要严格的一种定义方式。

2.2.1.4　派系

派系的定义是：基于社区的连通性，一个派系是由 3 个或 3 个以上节点组成的全连通子图（即任意两点间都有直接相连的边）。另外，还有一种弱化之后的 n-派系的概念：图中任意两个节点不必直接相连，而是最多可以通过（n-1）个中介点连通。

不难发现，派系的定义允许不同社团之间有节点的重叠。实际上，现实生活中复杂的网络中存在着很多社区重叠的问题，比如一名学生，既可以参加足球社团，也可以参加篮球社团。重叠社区的问题是很有研究价值的，我们在后面的内容中会进一步介绍。

2.2.2　网络社团划分算法评价标准

对社区发现算法的评价包括两部分：验证算法是否正确以及定量检验算法的划分效果。新算法设计出来之后，首先要进行正确与否的检验，此检验通过之后再进行划分效果优劣的检验。

2.2.2.1 算法正确与否的评价——网络测试集

在检验一个算法正确与否的过程中，我们需要用到网络测试集，即构造或获得具有已知社区结构的网络，根据该算法所探测出的网络社区结构与网络已知的社区结构的对比情况，检验算法设计正确与否。测试集主要有两种，一种是人工构建的社区结构已知的网络，另一种是获得现实存在的社区结构已知的网络。

构建有已知社区结构的网络从社区发现问题提出伊始就被作为重要的组成部分而研究。Girvan 和 Newman 在提出社区结构时就给出了一种人工构造的网络[36]，该网络包含 128 个节点，被平均分成 4 个节点组，每个节点组内部的节点间的连边概率记为 p_{in}，不同节点组之间节点连边的概率记为 p_{out}，同时要求每个节点度的期望值是 16。当 p_{out} 小于 p_{in} 时，4 个节点组被视作网络的 4 个固有社区，通过调整 p_{in} 和 p_{out} 的值来控制社区结构的显著程度。图 2-3 给出了该测试集的一个示例网络。

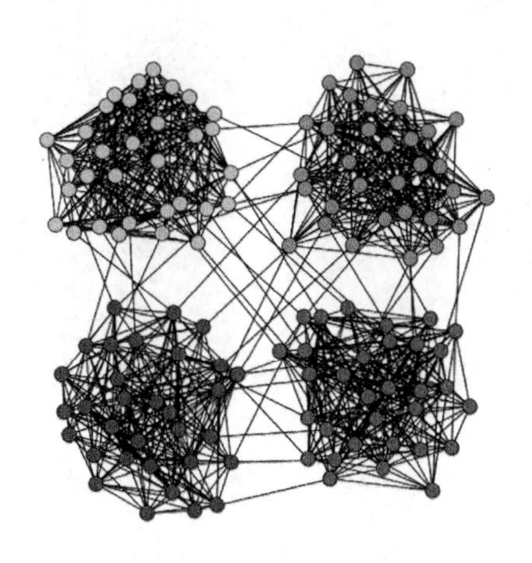

图 2-3 Girvan 和 Newman 的测试集示例网络[47]

尽管 Girvan 和 Newman 网络测试集对于早期社区结构的研究起到了推动作用，但是随着社区结构研究的深入，人们逐渐发现该测试集中的网络不能很好地刻画真实世界网络的社区结构。其原因有三：一是该测试集中网络规模很小；二是该测试集中要求各个节点的度相同，不满足现实网络中节点度的异质性（无标度特性）；三是该测试集中各个社区的规模相同，同样不满足现实网络中社区规模的异质性（现实无标度网络中，社区规模基本服从无标度分布）。为此，在社区探测算法的研究中，亟须更合适的网络测试集出现。

为了满足这样的需要，Andrea Lancichinetti 等人提出了一组新的测试集[118]，该测试集的一个突出特点是节点度和社区大小都服从无标度分布，这与现实网络中的情况吻合。该模型中，混淆参数 μ 用于控制社区结构的显著程度，每个节点以 $1-\mu$ 的概率与其所在社区内部节点相连，以概率 μ 与该社区之外其他节点相连。该模型也被称为生成社团化网络的标准图模型，图 2-4 展示的是该模型下一个具有 500 个节点的实现结果。

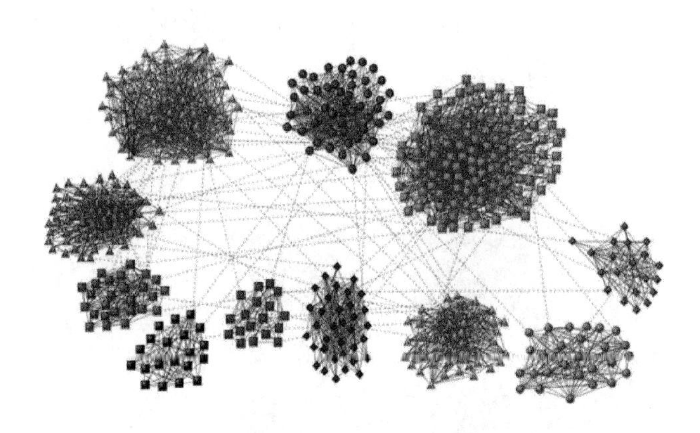

图 2-4 标准图模型测试集下一个具有 500 个节点的实现结果[118]

除了这些人工构造的网络，一些规模较小、社区结构已知的真实网络也常被用于测试社区发现算法，这些网络包括 Zachary 的空手道俱乐部网络（34 个节点 78 条边）、Lusseau 等人给出的海豚社会关系网络（62 个节点 159 条边）、美国大学生足球俱乐部网络（115 个节点 616 条边）等，python 中的 networkx 中自带这些数据集。

2.2.2.2　算法优劣的评价

在2.2.1节中介绍的社区结构的几种量化标准，都只从一定的角度给出了人们可以接受的社区的数量化定义，并没有给出社区划分好坏的评价指标，无法用于评价社区探测算法的优劣。以上一节中介绍的强、弱社区为例，由于网络社区观念最初是基于一种直观视觉效果提出的，即内部联系紧密、外部联系稀疏，因此上文介绍到的强社区这种限制性很强的定义并没有得到普遍使用，而弱社区的定义虽与社区的直觉观念很接近，但是并不能说不满足该条件的网络子集就不能被看作该网络的一个社区。因此，网络社区结构研究的一个关键前提是如何评判对网络的哪种划分才是其最佳社区划分，从而能更准确地反映网络天然具有的社区结构，这在网络社区结构的研究中具有重大的推动意义。

（1）模块度函数 Q

由 Newman 于2006年提出的网络模块度函数 Q（modularity Q）是最早提出的被公认的网络社区划分优劣的度量标准[36,114,143]，在网络社区结构研究中具有开创性意义。模块度函数 Q 最初的定义形式如下：

$$Q = \frac{1}{2m}\sum_{i,j}\left[A_{ij} - \frac{k_i k_j}{2m}\delta(C_i, C_j)\right] \tag{2-1}$$

其中，$(A_{ij})_{N\times N}$ 为网络的邻接矩阵，m 为网络的总边数，k_i 为节点 i 的度，C_i 为节点 i 所在的社区编号，δ 函数为示性函数，满足 $\delta(i, j) = \begin{cases}1, & i=j\\ 0, & i\neq j\end{cases}$。有了上述定义，给定网络 G 的一个社区划分，即可计算出 G 在该社区划分结果下对应的模块度函数 Q 的数值。

模块度函数 Q 的含义在于，对于网络 G 及它的一个社区划分结果，若考虑一类特殊的随机网络 G'，其满足：G' 具有和网络 G 相同的度序列（G' 具有与 G 中相同的节点，且各节点的度与 G 中相应节点的度相同）；G' 中所有的边都是完全随机地在节点间安放的。基于 G' 上述两个特点，G' 中节点 i 和节点 j

之间的平均边数应为$\frac{k_i k_j}{2m}$，其中 m 为 G 的总边数，由于 G' 与 G 节点数相同、度序列相同，因此 G' 中的总边数也为 m。式（2-1）说明：模块度函数 Q 定义的出发点是基于社区内部网络的实际连接情况（A_{ij}）与完全随机情况下$\left(\frac{k_i k_j}{2m}\right)$的对比。$\left(A_{ij}-\frac{k_i k_j}{2m}\right)$越大，说明社区内部连接情况比随机情况下越紧密，则社区划分结果越好或者网络 G 的社区结构越明显。因此，在网络社区划分或者社区结构明显程度度量方面，Q 值越大越好。

式（2-1）经过推导之后还可以表示为

$$Q = \sum_{i=1}^{K}(e_{ii} - a_i^2) = \mathrm{Tr}e - \|e^2\| \tag{2-2}$$

其中，K 为划分出的社区总个数，K 阶方阵 e 的元素 e_{ij} 表示网络中连接社区 i 和社区 j 中的节点的边在网络所有边中所占的比例，$\mathrm{Tr}e$ 表示矩阵 e 的迹，$\|e\|$表示矩阵 e 中所有元素之和，$a_i = \sum_{j=1}^{K} e_{ij}$ 表示与第 i 个社区中的节点相连的边在所有边中所占的比例。因此，在一个网络中，如果不考虑节点属于哪个社区而在节点对之间完全随机地增加边，会有 $e_{ij}=a_i a_j$，从而在完全随机的情况下会有 $e_{ii}=a_i^2$，因此式（2-2）的计算方式同样体现社区内部的实际连接情况与完全随机情况下的对比。

综上，模块度函数 Q 的定义源于“随机网络不会具有明显的社团结构”的思想，通过比较实际覆盖度（覆盖度即社团内部连接数占总连接数的比例）与随机连接情况下覆盖度的差异来评估所划分出来的社团结构，划分对应的 Q 值越大，说明划分效果越好，且在算法运行过程中，Q_{max} 对应网络的最佳社团划分。

按照 Q 的定义，其范围是 $0<Q<1$，一般以 $Q=0.3$ 作为网络具有明显社团结构的下限；在实际的网络中，Q 的值通常在 0.3 和 0.7 之间，Q 的值越大，对网络的社区划分效果越好；Q 值大于 0.7 的概率很小，Q 值的上限是 1，越

接近 1，越说明网络具有较强的聚类性质，即具有明显的社区结构。

模块度函数作为评判社区结构划分优劣的最早的度量标准，得到了广泛的应用，由其发展出的社区探测算法有贪婪算法、模拟退火算法、极值优化算法、禁忌搜索算法、数学规划算法等。但是，随着应用的发展，Q 表现出了它固有的本质局限性：上面提到的随机网络被称为网络 G 的 null 模型[36]，在 Newman 给出的定义中，其采用的是完全随机图的形式，因此避免不了重边和自环的存在，而对现实网络的研究绝大多数会采用简单图的方式，因此，定义中将实际连接情况与完全随机情况进行的对比使模块度函数 Q 存在着本质局限性[117]；另外，一些数值试验发现，由于其分辨率问题，在利用模块度函数 Q 来探测网络社区结构时，如果网络中存在规模较大的社区，那些小的社区即使内部连接非常紧密也是无法被探测出来的[118]。

基于模块度函数 Q 的以上局限性，科学家们提出了一些度量网络社区结构的新的标准和方法，如网络适应度（network fitness）函数[120]、社区密度 D[144]、社区度 C[36] 等。

（2）网络适应度函数

对于网络中的一个社区 S，其 fitness 函数定义为[120]：

$$f_S = \frac{k_S^{in}}{k_S^{in} + k_S^{out}}$$

其中，k_S^{in} 为社区内部度，定义为社区内部边的数目的两倍；k_S^{out} 为社区外部度，定义为社区内所有节点与社区外部节点连接的边数。进一步地，对应网络的某个社区划分结果，整个网络的 fitness 函数定义为 $\bar{f} = \frac{1}{K}\sum_{i=1}^{K} f_{S_i}$，$K$ 为该划分下网络的社区总个数[120]。

fitness 函数采用较为直接的定义方式避开了模块度函数的弊端，且其在网络社区探测的边聚类系数探测算法中的应用结果显示它是网络社区结构的有效度量标准[120]。

（3）社区密度 D

记 S_1，S_2，…，S_K 为网络 G 的一个社区划分结果，K 为社区总个数，则在该划分下，网络 G 的社区密度定义为：

$$D = \sum_{i=1}^{K} d(S_i) = \sum_{i=1}^{K} \frac{L(V_i, V_i) - L(V_i, \bar{V}_i)}{|V_i|}$$

其中，V_i 为第 i 个社区 S_i 内部的节点，$|V_i|$ 为 S_i 内部节点的数目，$\bar{V}_i$ 为第 i 个社区 S_i 外部的节点，$L(V_i, V_i)$ 表示 S_i 内部连边的数量，$L(V_i, \bar{V}_i)$ 表示社区 S_i 中的节点与社区外部节点连边的数量。

社区密度 D 表示社区内部边与社区间的边之差与社区节点总数之比，越大则社区划分效果越好。社区密度这一衡量标准考虑到了社区中的节点数，弥补了模块度函数 Q 无法探测出小社区的缺陷。

（4）社区度 C

对于网络 G 的一个社区划分 S_1，S_2，…，S_K，定义 $\frac{C_i^{in}}{n_i(n_i-1)/2}$ 表示社区 S_i 的簇内密度，$\frac{C_i^{out}}{n_i(N-n_i)}$ 表示社区 S_i 的簇间密度，其中，C_i^{in} 为社区 S_i 内部连边的数量，C_i^{out} 为社区 S_i 中的节点与社区外部节点连边的数量，n_i 为社区 S_i 中的节点数，N 为整个网络的节点总数，则整个网络 G 在该社区划分下的社区度 C 可定义为[36]：

$$C = \frac{1}{K} \sum_{i=1}^{K} \left[\frac{C_i^{in}}{n_i(n_i - 1)/2} - \frac{C_i^{out}}{n_i(N - n_i)} \right]$$

通过上述定义不难发现，网络社区度的概念基于社区簇内密度与簇间密度的对比，按照社区是内部联系紧密外部联系稀疏的思想，社区度 C 越大，说明社区划分效果越好。与模块度函数 Q 对比，社区度 C 的定义更为直观，也同样考虑到了社区规模 n_i 的影响，可以弥补模块度函数 Q 无法探测出小社区的缺陷。

以上介绍的几种度量指标是评价社区探测算法好坏的标准，也可以作为衡量一个网络社区结构明显程度的指标，具有较大度量标准值的网络被认为具有更强的社团结构。

2.2.3　社团探测算法

传统的网络社区划分算法一般分为层次聚类、启发类、图划分、非负矩阵分解、概率模型/统计推断等，近几年随着机器学习相关算法的快速发展及广泛应用，也发展出了很多基于深度学习的社区发现算法。考虑到读者的知识基础及篇幅的限制，本小节的介绍将以传统社区探测算法中的层次聚类及启发类算法为主。

层次聚类算法一般根据各个节点之间连接的某种相似性或者强度，自然地把网络划分为各个子集，该“划分”一般可以通过添加边或者删除边的方式来实现。根据向网络中添加边还是从网络中移除边，众多常见的社区探测算法可以分为两大类：凝聚算法（agglomerative method）和分裂算法（division method）[148]。

凝聚算法的基本思想是：最初每个节点各自成为一个社区；按照某种方法计算各个节点对之间的相似性；从相似性最高的节点对开始进行合并，合并在一起的若干节点便成为网络的一个社区；重复以上过程，逐渐把整个网络合成越来越大的各个部分（连通分支），即为当时状态下的网络社区的集合。该种算法的一般流程可以用树状图或者世系图来表示，如图2-5所示，底部的圆代表网络中的各个节点，当水平虚线从树的底部逐步上升时，各个节点也就逐步凝聚成为更大的社团；虚线移至顶部，表示整个网络成为一个社团。该过程可以终止于任何一步，此时对应的节点分组情况就是网络在该情况下的社区划分结果[145]。

与凝聚算法相反，分裂算法最初将整个网络看成一个社区，其基本思想如下：最初将整个网络看成一个社区，按照某种方法计算各个节点对之间的相似性；找到已连接的相似性最低的节点对，移除该节点对之间的连边；重复上述

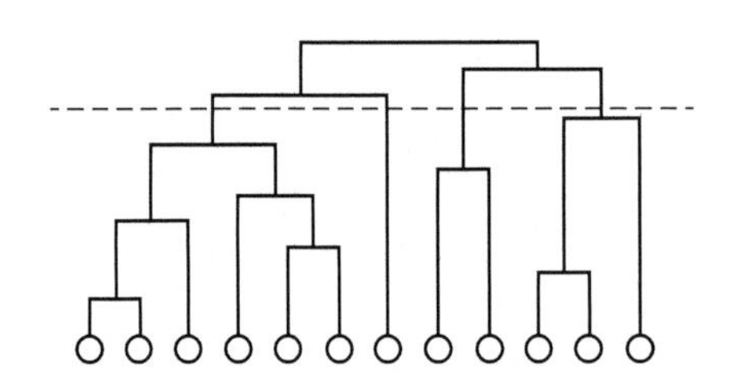

图 2-5 凝聚算法和分裂算法通常借助树状图来记录算法的结果[148]

过程，逐渐把整个网络分成越来越小的各个部分，即为当时状态下的网络社区的集合。与凝聚算法类似，分裂算法同样可以借助树状图或世系图来表示算法的流程，只不过水平虚线的移动方向恰好相反。

不难发现，在上述凝聚算法和分裂算法的描述中存在着两个关键问题：一是节点相似性如何度量；二是既然算法可以终止于任何一步，那么算法最后返回的社区划分结果，应该取哪一步得到的结果。在节点相似性度量的问题上，标准有很多，如可利用相关系数、路径长度或者一些矩阵的方法来设计适当的度量标准[145]，如我们后面要介绍的 GN 算法中借助的边介数、边聚类探测算法中借助的边聚类系数等；在如何判断算法最后的返回结果的问题上，虽然算法可以终止于任何一步（图 2-5 中，水平虚线上下移动时对应的划分结果），但是不同划分结果对应的 Q 等度量标准值不同，一般取度量标准值最大对应的划分结果，如 Q 最大或 fitness 最大时对应的节点分组，作为算法的最终返回结果。

人们根据具体研究目标、环境等的不同，设计出了众多的社区发现算法。在网络研究领域本身就已经有不少社区探测算法了，如层次聚类方法中的 GN 算法、NF 快速算法、边聚类探测算法等，启发类划分算法中的随机游走算法、标签扩散算法等，图划分算法中的 K-L 算法、谱二分法等，概率模型中的代表性算法随机块模型（SBM）等①。最近几年随着机器学习相关算法的快速发

① https://blog.csdn.net/qq_16543881/article/details/122623558，https://m.thepaper.cn/baijiahao_13405674.

展及广泛应用，又发展出了很多基于深度学习的社区发现算法，如基于卷积网络的社区发现、基于图注意力网络（GAT）的社区发现、基于生成对抗网络（GAN）的社区发现、基于自编码器（AE）的社区发现、基于深度非负矩阵分解（DNMF）的社区发现、基于深度稀疏滤波（DSF）的社区发现等①。

2.2.3.1　GN 算法

GN 算法是一个经典的社区发现算法，也是由 Michelle Girvan 和 Mark Newman 提出的较早的社区发现算法，它属于分裂的层次聚类算法，其基本思想如图 2-6 所示：不断地删除网络中具有相对于所有源节点的最大的边介数（edge betweenness）的边，然后重新计算网络中剩余的边的相对于所有源节点的边介数，重复这个过程，直到网络中所有边都被删除。

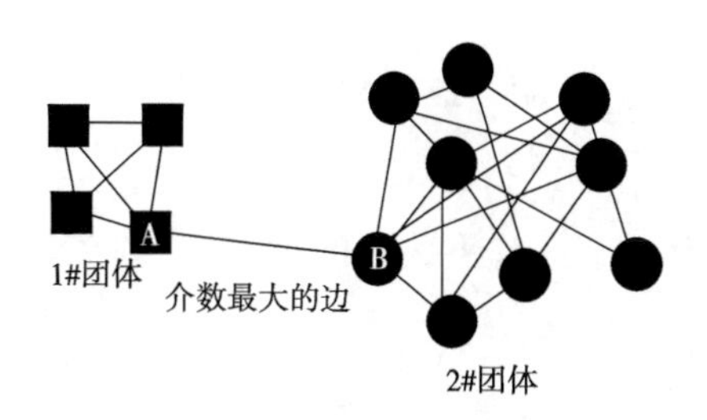

图 2-6　GN 算法示意图[148]

边介数的定义方式可以有多种[146,147]，最短路径边介数方法是一种最简单的边介数度量方法：一条边的边介数（betweenness）是指从某个源节点 S 出发通过该边的最短路径的数目，对所有可能的源节点重复做同样的计算，并将得到的相对于各个不同的源节点的边介数相加，所得的累加和为该边相对于所有源节点的边介数。从边介数的定义不难发现，在网络中，边介数最大的边基本应该是社区之间的边。

假设有一个具有 m 条边和 n 个节点的图，考虑一种比较简单的情况：假设从任何一个源节点出发，对该图进行搜索，该源节点与其他节点之间都只存

① https：//m. thepaper. cn/baijiahao_13405674.

在一条最短路径，如图 2-7 所示，图中的所有最短路径构成一个最短路径树，可以利用这颗最短路径树来计算每条边的边介数，过程如下：

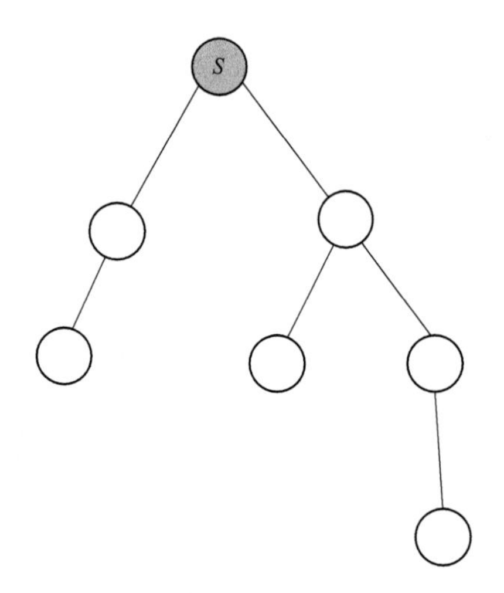

图 2-7　最短路径树示意图[148]

①找到这棵树的叶子节点（度为 1 的节点），并为每条与叶子节点相连的边赋值 1。

②从与源节点 S 之间的距离最远的边开始，按照自下而上的方向为该树中的每条边赋值，其值等于位于该边之下的所有邻边的值之和再加上 1，该值即为相对于这个源节点 S 该边的边介数。

③按照这种赋值方式，对搜索树中的所有边进行遍历，对于所有可能的源节点都重复上述过程，即可得到每条边相对于某个源节点 S 的边介数的值。

④将每条边相对于各个源节点的边介数相加，最终结果即为该边最终的最短路径边介数的值。

按照上述过程，图 2-8 中各边上的值即为相对于该源节点 S 而言各边的最短路径边介数的值。

显而易见，上述这种简单网络中边介数的计算非常容易，但是在绝大多数的现实网络中，一些节点对之间往往存在着若干条长度相等的路径，这说明现

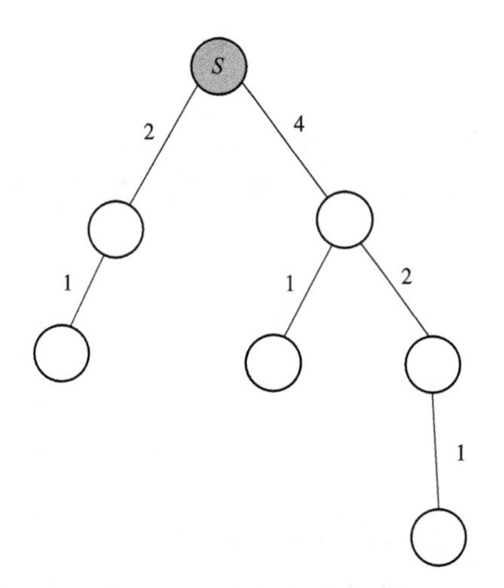

图 2-8 最短路径边介数计算示意图[148]

实网络中每个源节点与其他节点之间并不存在一条最短路径，如图 2-9 所示。这时边介数的计算思想要稍作改进，分为两步：

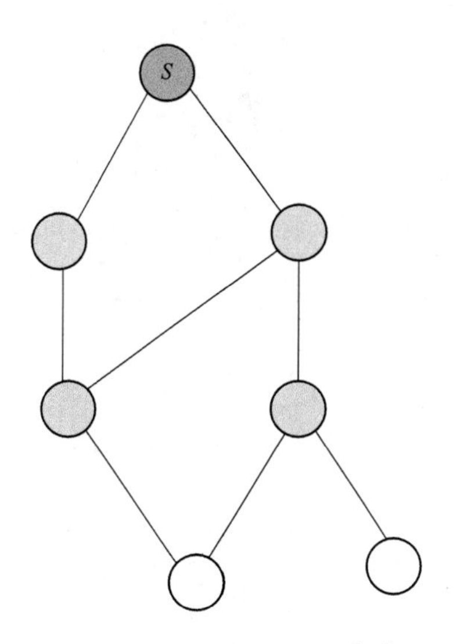

图 2-9 一般网络示意图[148]

第一步，计算节点的权值。从源节点 S 出发，为每个节点 i 赋权值，该值为从源节点 S 出发到达节点 i 的最路径的数目，用 w_i 表示。具体操作如下：

①定义源节点 S 的距离为 $d_s=0$，并为其赋权值 $w_s=1$。

②对于每一个与源节点 S 相邻的节点 i，定义它到 S 的距离为 $d_i = d_s + 1$，并为该节点赋权值 $w_i = w_s = 1$。

③对于每一个与任意节点 i 相邻的节点 j，根据具体情况采取以下三个步骤之一：

a. 若节点 j 没有被指定距离，则指定其距离为 $d_j = d_i + 1$，权值为 $w_j = w_i$。

b. 若已指定节点 j 的距离，并且满足 $d_j = d_i + 1$，则修改节点 j 的权重 w_j：w_j：$w_j \leftarrow w_j + w_i$。

c. 若已指定节点 j 的距离，并且满足 $d_j < d_i + 1$，则直接执行步骤④。

④重复执行步骤③，直到网络中不存在其本身已经被指定了距离但是其邻居节点却没有被指定距离的节点，则对于源节点 S，所有节点的权值赋值完毕。对于图 2-9 中的网络，其走完步骤①～④之后，各节点的权值结果如图 2-10 所示，其中，有两组权值的节点，下方为修改之后的权值。

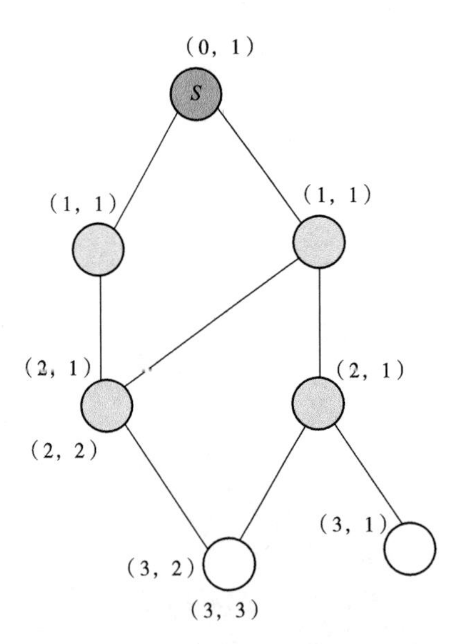

图 2-10　图 2-9 中的网络各节点赋权值结果[148]

第二步，利用上一步得到的节点权值的比值反映边介数。具体步骤如下：

①找到所有的叶子节点 f，该叶子节点 f 不被任何从源节点出发到达其他

任何节点的最短路径所经过。

②假设叶子节点f与节点i相邻，那么就将权值w_i/w_f赋给从节点f到节点i的边。

③从距离源节点S最远的边开始，从下至上直到源节点S，从节点i到节点j的边赋值为位于该边之下的所有邻边的权值之和再加上1，然后，将其和乘以w_i/w_j，最后的结果就是该边的边介数。

④重复步骤③，直到遍历图中的所有节点。在图2-10的基础上，图2-9中的网络各边的边介数结果如图2-11所示。

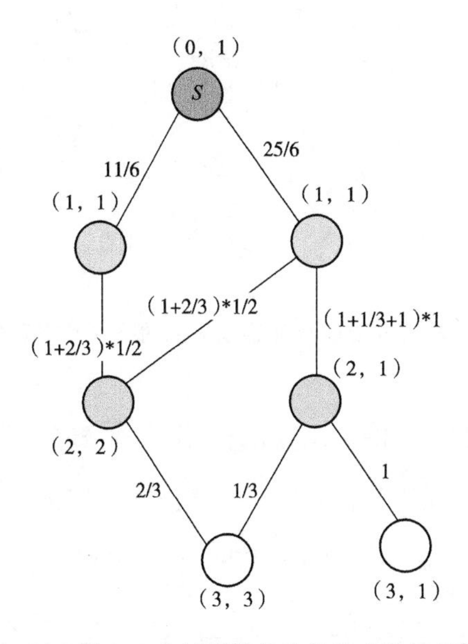

图2-11　图2-9中的网络各边的边介数结果[148]

综上，GN算法的流程如下：①计算网络中所有边的边介数；②找到边介数最高的边并将它从网络中移除；③重复步骤①、②，直到每个节点就是一个退化的社区为止。显而易见，一般网络应有的社区结构不可能是每个节点各自为一个社区，那么GN算法探测网络社区的结果应该是什么？这就要借助2.2.2节中提到的社区结构划分的某个度量手段，可以是模块度函数Q，亦可以是网络fitness函数，同样地，算法的最终探测结果都选择相应的度量标准

（Q 或 fitness）最大时对应的节点分组情况。

GN 算法为分裂算法，其算法过程可以用树状图来表示，将 GN 算法应用于网络研究中经常用到的 Zachary 空手道俱乐部网络（python 中的数据获取方式为 networkx. generators. social. karate_club_graph）。该网络常被用来作为社区探测算法的网络测试集之一，其网络结构及已知的社区情况如图 2-12 所示。

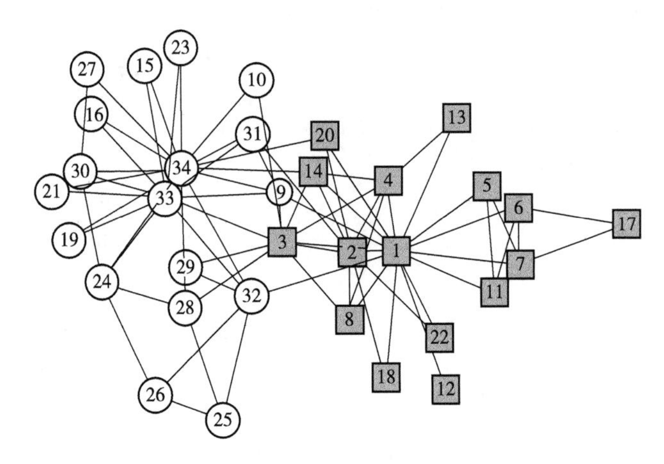

图 2-12　Zachary 空手道俱乐部网络（来自互联网）

将基于模块度函数 Q 的 GN 算法应用该网络之后，算法获得的社区如图 2-13 中的第二条虚线所示，图中第一条虚线对应的是该网络被划分为两个社区的情况。很明显，基于 Q 的 GN 算法将该网络划分成 4 个社区时，Q 值最大，而该网络的实际社区数为 2 个，经过分析发现，目前的 2 个社区只是 Q 的局部最大值，4 个社区是 Q 的全局最大值。经过对该俱乐部人员关系进行挖掘发现，该俱乐部虽然目前包含两个社区，但是社区内部存在明显的不团结情况，照此发展下去，该俱乐部迟早会分裂成四个社区。本例子也说明了社区探测在网络关系演化方面的重要作用。

在复杂网络聚类研究中，GN 算法占有十分重要的地位，其重要意义在于首次发现了复杂网络中普遍存在的网络簇结构，启发了其他研究者对这个问题的深入研究，掀起了复杂的网络聚类研究热潮。

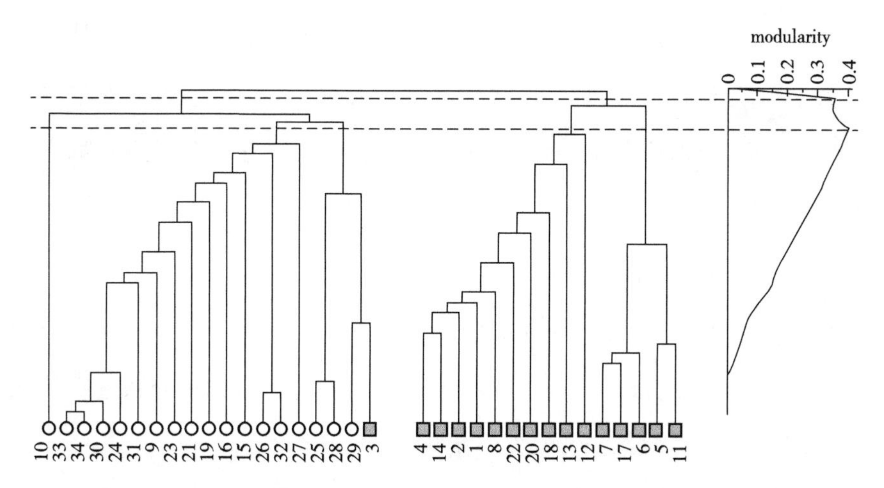

图 2-13　基于 Q 的 GN 算法应用于 Zachary 空手道俱乐部的树状图[148]

2.2.3.2　NF 快速算法

GN 算法是较为早期的社区结构探测算法，虽然思想较为简单、准确度比较高，分析社区结构的效果也比原有的一些算法好，但是边介数计算的开销过大，导致时间复杂度高，计算速度慢，只适合处理中小规模的网络（包含几百个节点的网络）。现在，对于微博等各种在线社交网络等的研究越来越多，而这些网络通常都包含几百万个以上的节点，在这种情况下，传统的 GN 算法就不能满足要求。基于这个原因，Newman 在 GN 算法的基础上提出了一种快速算法（Newman Fast Algorithm，以下简称“NF 算法”）[109]，它实际上是基于贪婪算法思想的一种凝聚类层次算法，可以用于分析节点数达 100 万的复杂的网络。

NF 算法步骤如下：

①初始化网络为 N 个社区，即每个节点就是一个独立社区。

②依次合并有边相连的社区对，并计算合并后的模块度函数 Q 的增量。根据贪婪算法的原理，每次合并应该沿着 Q 增大最多或者减小最少的方向进行。

③重复执行步骤②，不断合并社区，直到整个网络都合并成为一个社区，

则最多要执行（$N-1$）次合并。整个算法完成后可以得到一个社区结构分解的树状图，再通过选择在不同位置断开得到该网络的不同社区结构。在这些社区结构中，选择一个对应着全局或者局部最大 Q 值的划分，就得到该算法下最好的网络社区结构。

2.2.3.3　边聚类探测算法

边聚类探测算法（the edge-clustering detection algorithm）[120] 与 GN 算法的思想较为相似，也是分裂的层次算法，只不过 GN 算法依据边介数进行社区划分，而边聚类探测算法基于边的聚类系数进行社区划分。

聚类系数概念的提出是为了描述网络中节点之间关系的密集程度。对于节点 i 而言，其聚类系数值（node clustering coefficient）C_i 越大，说明它的邻居节点之间联系越紧密。

对网络中的节点 i，假设其在网络中的度为 k_i，即它有 k_i 条边将它和邻居节点相连，则在 k_i 个邻居节点之间最多可能的连边数为 $k_i(k_i-1)/2$。假设网络中这 k_i 个邻居节点之间实际存在的连边数为 E_i，则节点 i 的聚类系数 C_i 的常规定义方式为[148]

$$C_i = 2E_i/k_i(k_i-1) \tag{2-3}$$

另外，从集合的角度来看节点的聚类系数，E_i 可以看作网络中以节点 i 为一个顶点的三角形的数目；同时，由于节点 i 只有 k_i 个邻居节点，因此包含节点 i 的三角形的最多可能的数目是 $k_i(k_i-1)/2$。如果定义以节点 i 为中心的连通三元组为包括节点 i 的 3 个节点并且至少存在从节点 i 到其他两个节点的两条边（如图 2-14 所示），那么以节点 i 为中心的连通三元组的数目实际上就是包含节点 i 的三角形的最多可能的数目，即 $k_i(k_i-1)/2$。由此来看，式（2-3）中节点聚类系数的定义等价于

$$C_i = \frac{\text{包含节点 } i \text{ 的三角形的数目}}{\text{以节点 } i \text{ 为中心的连通三元组的数目}}$$

从公式来看，聚类系数考察的是节点所在三角形的比例，这与聚类系数概念的

提出是为了描述网络中节点之间关系的密集程度相符合。

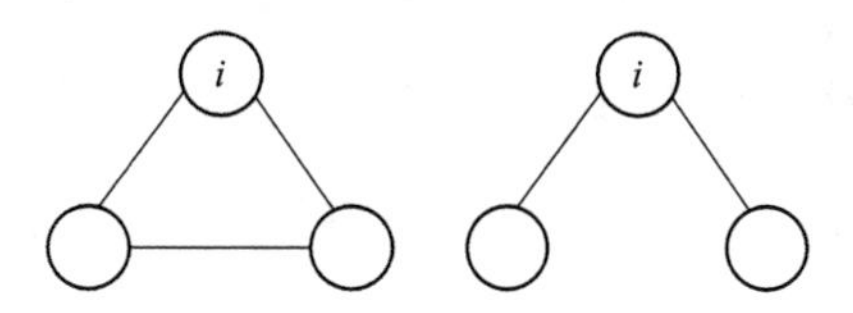

图 2-14　以节点 i 为顶点之一的三元组的两种可能形式[148]

整个网络的聚类系数（network clustering coefficient）C 定义为网络中所有节点的聚类系数的平均值。很显然，$0 \leqslant C_i \leqslant 1$ 且 $0 \leqslant C \leqslant 1$。

在网络研究过程中，根据点聚类系数的定义延伸出边聚类系数（edge clustering coefficient）的概念，点聚类系数考察节点所在三角形的比例，边聚类系数则考察边所在三角形的比例，用以考察每条边周围的稠密程度。网络中，边 (i, j) 的聚类系数 $ECC(i, j)$ 早期在文献［120］中定义为

$$ECC(i, j) = \frac{z_{ij}}{\min[(k_i - 1), (k_j - 1)]} \tag{2-4}$$

其中，z_{ij} 表示边 (i, j) 实际所在的三角形数，$\min[(k_i - 1), (k_j - 1)]$ 计算的是包含边 (i, j) 的三角形的最大可能的数目。后来，在文献［150］中，也将边 (i, j) 的聚类系数定义为

$$ECC(i, j) = \frac{|N_{ij}|}{k_i + k_j - |N_{ij}| - 2} \tag{2-5}$$

其中，N_{ij} 表示节点 i 与节点 j 的共同邻居集合，即为边 (i, j) 所在的三角形数量。

但是式（2-4）、式（2-5）中介绍的边聚类系数的定义稍微有一些弊端，比如对第一个定义而言，有可能存在分子分母均为 0 的情况。为了弥补该点不足，可将该边聚类系数的定义稍作调整改进为

$$ECC(i, j) = \frac{z_{ij} + 1}{\min[(k_i - 1), (k_j - 1)]} \tag{2-6}$$

根据边聚类系数的定义我们可以直观地发现，由于社区满足内部联系紧密

外部联系稀疏，因此网络中绝大多数三角形往往存在于社区内部，社区之间的边所在的三角形数目较少，也即社区之间的边通常存在一个共性，即具有较小的边聚类系数。网络社区结构的边聚类探测算法正是基于社区间的边的这一性质，通过移除具有较小聚类系数值的边来得到网络的社区结构。基于此，利用边聚类系数探测网络社团结构的算法步骤如下[120]：

①计算网络中所有尚存的边的聚类系数值，并找到具有最小聚类系数值的边（i，j）。

②移除边（i，j），并将原始的邻接矩阵 A_0 修改为新的邻接矩阵 A（原邻接矩阵中边（i，j）所对应的数值 1 改为数值 0）。

③根据修改之后的邻接矩阵 A 搜索移除操作之后网络中的连通分支并暂时作为初始网络的各个“社区”。

④对上述“社区”结构，利用初始网络的邻接矩阵 A_0 计算相应的度量标准值（模块度函数 Q、fitness 等）并返回步骤①。

⑤算法在网络中的边全部被移除时算法终止。

每次移除操作之后需要记录的数据为相应的“社区”情况以及根据相应的“社区”结构计算所得的度量标准值。与 GN 算法一样，选择全局或局部最大的度量标准值所对应的划分结果（网络连通分支）作为算法所得的最终的探测结果。

2.2.3.4 随机游走算法

按照分裂或者凝聚的思想去划分种类的话，随机游走算法（Walk Trap）应该可以被分为凝聚算法，其设计思想中能够看出凝聚算法的思想，只不过度量社区间相似性的指标不同。实际上随机游走算法是基于网络上数据流分析的算法，其思想是基于节点和社区之间的流距离进行社区划分[148]，用两点到第三点的流距离之差来衡量两点之间的相似性，从而为划分社区服务。该算法的核心是流距离的计算，具体过程如下：

①首先对网络 G 所对应的邻接矩阵 A 按行归一化，得到无偏概率转移矩

阵（transition matrix）P：$P=D^{-1}A$，其中 A 是邻接矩阵，D 是度矩阵（对角阵，对角线上元素为相应节点的度）。

②定义两点 i 和 j 间的距离如下：

$$r_{ij}(t)=\sqrt{\sum_{k=1,\ k\neq i,\ k\neq j}^{N}\frac{(P_{ik}^{(t)}-P_{jk}^{(t)})^2}{d(k)}}=\|D^{-\frac{1}{2}}P_{i\cdot}^{(t)}-D^{-\frac{1}{2}}P_{j\cdot}^{(t)}\| \tag{2-7}$$

其中，$P_{ik}^{(t)}$ 为随机游走或者马尔科夫链理论中游走子从节点 i 经过 t 步到达节点 k 的概率，即为马尔科夫链 t 步概率转移矩阵 $P^{(t)}$ 中第 i 行第 k 位置的元素。又根据 $P^{(t)}=P^t$，其中矩阵 P 为一步转移概率矩阵，从而 $P_{ik}^{(t)}$ 可计算；数据流分析中 t 被称为流步长，如果 t 太小，则相当于只在局部结构中进行游走，不足以体现整个网络的结构特性；如果 t 太大，根据随机游走关于平稳分布的结论，$P_{ik}^{(t)}$ 会趋近于与出发节点 i 无关，而只与节点 k 的度成正比，因此出发节点 i 的信息会被抹去，这将与我们考察节点 i 与 j 的相似性的初衷相违背。因此，这里流步长 t 的选取必须恰当，一般 t 的经验值为 3 到 5 之间。另外，由于 $P_{ik}^{(t)}$、$P_{jk}^{(t)}$ 均与节点 k 的度 d（k）成正比，而节点 k 仅起到中介节点的作用，不应该影响节点 i 与 j 的相似性，因此式（2-7）的定义中有除以 d（k）的设计。式（2-7）第二个等号是等价推导到矩阵形式的结果，其中 $\|\cdot\|$表示向量的 2-范数，$P_{i\cdot}^{(t)}$为节点 i 经过 t 步到达其他节点的概率构成的向量，即矩阵 $P^{(t)}$ 的第 i 行向量；度矩阵 D 的$-\frac{1}{2}$次方为对角阵 D 对角线元素开$\frac{1}{2}$次方之后的矩阵再求逆。根据式（2-7）计算所得 i 和 j 到网络所有其他点之间的距离差别越小，说明 i 和 j 很可能位于极其类似的位置上，彼此之间的距离也越接近。值得注意的是，这个思路如果只考虑一个或少数的目标节点是不合适的，因为 r_{ij} 实际上只是结构对称性，有可能 i 和 j 在网络的两端距离很远，但到中间某个节点的距离是相等的，但因为公式对 k 做了全局求和，即要求 k 要遍历网络中除了 i 和 j 以外的所有节点，这个时候 i 和 j 如果到所有其他节点的流距离都差不多，比较可能的情况只能是 i 和 j 本身就是邻居，而不仅

仅是结构上的对称了。

③定义两社区之间的距离如下：

$$r_{C_1C_2}(t) = \| D^{-\frac{1}{2}} P_{C_1 \cdot}^{(t)} - D^{-\frac{1}{2}} P_{C_2 \cdot}^{(t)} \| = \sqrt{\sum_{k=1,\ k\neq i,\ k\neq j}^{N} \frac{(P_{C_1k}^{(t)} - P_{C_2k}^{(t)})^2}{d(k)}} \qquad (2\text{-}8)$$

其中，$P_{Ck}^{(t)}$ 为社区 C 到目标节点 k 的流距离，是对社区 C 内所有节点到 k 的流距离取平均。

以上从流结构的角度定义了节点间的距离，以体现节点间的相似性，由此，社区划分问题就变成了简单的聚类问题：

Step1：将每个节点视为一个社区；

Step2：计算所有存在连边的社区之间的流距离；

Step3：取两个彼此连接且流距离最短社区进行合并；

Step4：重新计算社区之间的距离；

Step5：如此不断迭代，直到所有的节点都被放入同一个社区。

通过迭代，社区的数目不断减小，导致出现一个树状图；在这个过程中，同样可以使用 Q 或者 fitness 等指标的变化来指导搜索的方向。

2.2.3.5　标签扩散算法

标签扩散算法（label propagation）源于冯·诺依曼在 20 世纪 50 年代提出的元胞自动机模型（cellular automata）和 Bak 等人在 2002 年左右构建的沙堆模型，其算法步骤设计如下：

Step1：给全网每个节点分配一个不重复的标签（label）；

Step2：在每一步迭代中，让一个节点采用在它所有的邻居节点中最流行的那个标签，如果最佳候选标签超过一个，则在其中随机选取一个即可；

Step3：不停地重复 Step2 直至网络中节点的标签不再变化为止，此时迭代收敛，则只需要将采用同一种标签的节点归入同一个社区即可。

通过其算法过程不难发现，标签扩散算法是在通过标签的扩散来模拟某种流在网络上的扩散，所以其也是基于数据流分析的一种社区探测算法。经过大量的实验发现，标签扩散算法的优势是算法简单，特别适用于分析被流所塑造的网络中社区结构的探测，在大多数情况下可以快速收敛。缺点是迭代的结果有可能不稳定，尤其在不考虑边的权重时；另外，如果网络社区结构不明显或者网络规模比较小，有可能所有的节点都被归入同一个社区。

2.3 网络社团结构成因探究

2.3.1 网络潜在度量空间思想简介

前文提到过，社团结构是现实网络普遍具有的结构特性之一，那么到底是什么内在因素引导着众多网络演化成现在这样普遍具有社团结构的？这是在网络共同特性研究开始就被科学家们广泛关注的问题，因此提出的若干网络生成模型，包括早期的 WS 和 NW 模型，以及后来的 BA 模型，都在想办法模拟现实网络的生成机制。但是，我们知道 WS 和 NW 模型生成的网络只能满足现实网络的小世界和高聚类特性，无法满足现实网络的无标度特性，因此二者被称为小世界网络模型；而 BA 模型生成的网络可满足无标度，基本可保证小世界，但无法保证高聚类。经过了很长一段时间的研究，2012 年，Boguñà 等人终于在他们 2008—2010 年提出的网络潜在度量空间（示意图如图 2-15 所示）的基础上[131,132,151]，设计出了新的网络生成模型——PSO 模型（popularity-similarity-optimization model）[152]，该模型可完美模拟现实网络的小世界、高聚类、无标度、社团等诸多共同的结构特性以及网络上的动力学行为及功能特性[4,141,142]，可以更好地展示现实网络的演化机制。但是，PSO 模型的设计思想与原来的 WS、NW、BA 模型差别很大，原来的三个模型都是以动态调整节点和边的方式以期模拟现实网络的动态变化，但是 PSO 模型的目的是找到网络潜在的数理规律，他们认为网络的演化等是有潜在的某种规律指引的，在这种指引下现实网络才展示出了如此众多的共同特性。受社交网络研究的影响，人们发现社交网络发展成这样跟个体节点也就是人的特性有很大关系。比如社区，因为大家有很多诸如兴趣爱好、工作背景等相似的地方，才会联系频繁紧密，从而才形成网络中的社区。这说明网络的演化跟节点的性质密切相关，完全有可能是节点本身的内在性质在引导和指引着现实网络的演化。受这些现象启发，Boguñà 等人设计的 PSO 模型着眼于找到节点的潜在性质，他们利用合适的几何构型来涵盖节点的这些潜在性质，再以节点在该几何空间中的坐标表示节点的潜在性质，以此指导网络的生成及网络上的动力学行为。PSO 模型中的几何空间最终采用的是比较优秀的双曲空间，实际在 2008 年的时候，Boguñà 等人是用一维圆环模型来作为网络潜在度量空间模型的[131]，但是由于该模型中预期的度分布直接采用的是幂律分布形式，由此生成的网络中真正的度分布为幂律即无标度形式显得过于理所当然，经过一年的进一步研究，他们发现双曲空间的指数增长特性可以自然地导致网络中节点的幂律无标度度分布，因此 2009 年他们又发表了一篇文章，提出了潜在度量空间的第二种形式——双曲空间形式[132]。后续大量的研究显示，双曲空间的潜在度量空间形式，尤其是在空间曲率为-1 时，对现实网络的近似效果更好[135]。

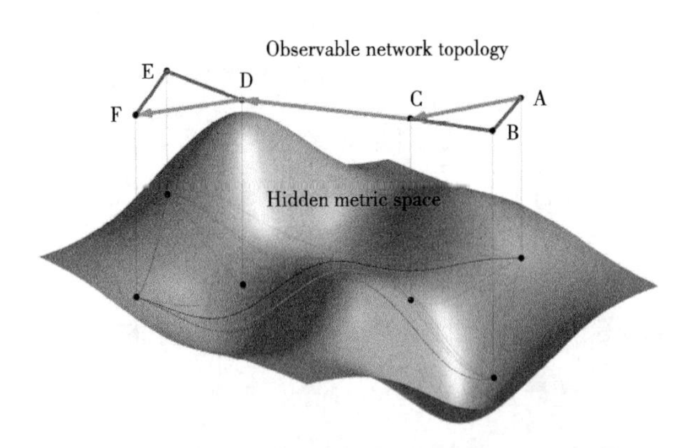

图 2-15　复杂网络潜在度量空间思想示意图[131]

我们原来在一维圆环模型上探究过社团结构的成因，本章我们将进一步在双曲空间模型上探究社团的成因，接下来将为大家详细介绍这两个模型，之后会回顾我们在一维圆环模型上的结果，再展示我们优化之后的新机制以及新机制下的结果。

2.3.1.1 一维圆环模型（one-dimensional circle model）

复杂网络潜在度量空间（the hidden metric space）的一维圆环模型由Boguñá 等人发表于 2008 年 11 月的 *Nature Physics* 期刊[131]。假设网络的潜在度量空间是一维圆环（如图 2-16 所示），圆环半径设为 $R=N/2\pi$，N 为节点总数，给每个节点设置两个潜在变量（θ，k），其中 θ 为节点在圆环上的角坐标，其均匀地分布于区间［0，2π），k 是节点的预期的度，假设其服从 $\rho(k)=(\gamma-1)k_0^{\gamma-1}k^{-\gamma}$ 的分布，其中，$k_0\equiv(\gamma-2)\langle k\rangle/(\gamma-1)$，$k>k_0$ 且 $\gamma>2$。对于在一维圆环潜在度量空间中坐标为（θ，k）和（θ'，k'）的两个节点，给定二者在可视网络结构中的连边概率：

$$r(\theta,k;\theta',k')=\left(1+\frac{d(\theta,\theta')}{\mu kk'}\right)^{-\alpha},\ \alpha>1,\ \mu=\frac{\alpha-1}{2\langle k\rangle} \tag{2-9}$$

其中，$d(\theta,\theta')$ 为两个节点在潜在度量空间中的距离，用它们在圆环上的几何距离来度量；$\langle k\rangle$ 为预期的平均度，是一个可调节参数，一般常取为 6；参数 α 则决定着潜在度量空间中的距离影响网络节点之间连接的程度。由式（2-9）可知，当 α 取较大值时，潜在度量空间中距离越近的节点在可视网络中相连的概率越高，从而网络会呈现出更强的聚类状况，因此，从这个角度而言，α 也被称为一维圆环模型中的聚类强度参数[131]。

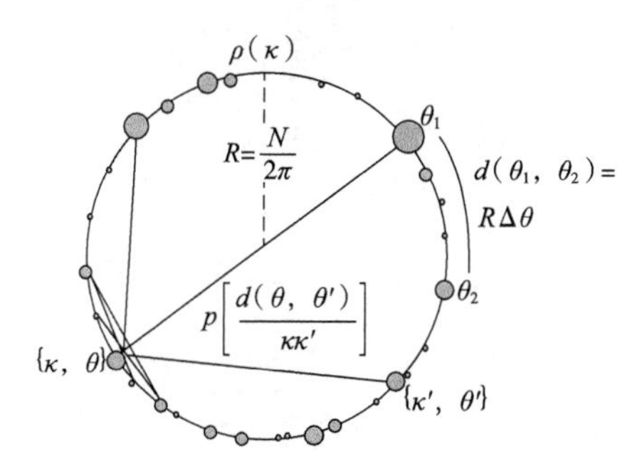

图 2-16 复杂网络潜在度量空间的一维圆环模型示意图[142]

上述连边概率 r 的形式是根据现实世界网络（如航空网）中的典型情况设定的[133]。一方面，它揭示了潜在度量空间中的距离 d 越小的节点间连边概率越大。另一方面，由于当节点度的乘积 kk' 越大的时候，概率 r 会越趋近于 1，这也暗示着不管 hub 节点（度较大的节点）之间在潜在度量空间中的距离远近，它们都会以很高的概率在可视网络中相连；对于在潜在度量空间中距离适中的 hub 节点和度较小的节点，相连的概率也会较高；而对于度均较小的两个节点，只有当其在潜在度量空间中的距离足够近时才会在可视网络中相连。根据上述预期的度分布 $\rho(k)$ 及连边概率 r，可以推导出生成的可视网络会具有 $p(k) \sim k^{-\gamma}$ 的无标度度分布形式，这与现实网络的结构特性符合，并且经验证，一维圆环模型同样会导致可视网络的高聚类及小世界等特性的产生。

2.3.1.2　双曲空间模型（hyperbolic space model）

由以上复杂网络潜在度量空间的一维圆环模型不难发现，其首先假设节点预期的度分布 $\rho(k)$ 本就是一个关于 k 的无标度分布形式，由此造成生成的可视网络具有 $p(k) \sim k^{-\gamma}$ 的幂律形式似乎过于理所当然，因此，Dmitri Krioukov 及 Boguñá 等人于 2009 年在期刊 *PHYSICAL REVIEW E* 上发表的文章中提出了复杂网络潜在度量空间的双曲空间模型[132]，该模型的提出主要基于双曲空间的指数增长特性（如图 2-17 所示的双曲平面中的庞加莱圆盘）会自然引发可视网络的幂律度分布形式。

图 2-17　二维双曲平面中的庞加莱圆盘中的指数增长特性示意图[132]

在双曲空间模型中有两个最基本的参数，即空间曲率 K 及系统温度 $T>0$，双曲空间的特点是曲率为负，记为 $K=-\zeta^2$，其中 $\zeta>0$，而双曲平面则对应 $K=-1$ 的情况。由于一般情况下节点的个数都是有限的，因此会分布在双曲空间中有限的范围内。基于此，可认为节点在双曲空间中分布于一个半径为 $R\gg1$ 的圆盘内，则每个节点在双曲圆盘上均有一对坐标（r，θ），其中 r、θ 分别为节点在双曲圆盘中的径坐标和角坐标。假设节点在圆盘上的分布为最简单的均匀分布，而双曲空间的指数增长特性会导致其径坐标近似服从形如 $\rho(r)=\sinh r/(\cosh R-1)\approx\alpha e^{\alpha(r-R)}$ 的指数分布形式，其中 $0\leqslant r\leqslant R$，$\alpha>0$；而对于节点的角坐标 θ，假设其在［0，2π］上均匀分布。按照这种方式，我们可以得到每个节点在双曲空间中的坐标，对于坐标为（r，θ）和（r'，θ'）的两点，近似计算它们在潜在双曲度量空间中的距离 $x=r+r'+\frac{2}{\zeta}\ln\sin\frac{\Delta\theta}{2}$，$\zeta$ 是与双曲空间的曲率相关的参数，在此基础上，定义（r，θ）和（r'，θ'）两点在可视网络结构中连接的概率：

$$p(x)=\frac{1}{1+e^{\zeta(x-R)/(2T)}} \tag{2-10}$$

其中，$\zeta=\sqrt{-K}$，x 为两节点的双曲距离，R 为双曲圆盘的半径，T 为系统温度参数。经过推导发现，由此模型生成的可视网络会自然具有 $p(k)\sim k^{-\gamma}$ 的无标度幂律度分布形式。由式（2-10）不难发现，系统温度参数 T 控制着节点之间连边的概率，从而控制着可视网络的聚类程度。经研究发现：当 $T\to0$ 时，可视网络聚类达到最强；而当 $T\to1$ 时，可视网络聚类程度趋于 0；当 $T>1$ 时，网络聚类始终保持 0 状态，即可视网络变为随机网络[132]。考虑到现实网络普遍具有高聚类的特性，在使用复杂网络的双曲空间模型生成网络时，可考虑 $T\in(0,1)$。对可视网络的度分布幂指数 γ 而言，经过推导发现其满足以下关系：

$$\gamma=\begin{cases}\frac{2\alpha}{\zeta}+1, & \frac{\alpha}{\zeta}\geqslant\frac{1}{2}\\ 2, & \text{其他}\end{cases} \tag{2-11}$$

我们知道，在现实网络的共同基本特性中，人们发现现实网络基本具有无标度度分布形式且幂指数一般在 2～3 的范围内，因此可根据该共同特性以及欲嵌入的双曲空间的曲率来限定参数 α 的范围。

复杂网络的潜在双曲空间模型一经提出便引起了广泛关注，经过学者们研究发现，当曲率 $K=-1$ 即为二维双曲平面时，对现实网络的近似效果最好[135,151]。因此，我们后续新机制的设计中，将采用曲率为-1 的双曲空间潜在度量空间模型，此时，根据式（2-11）及幂指数 γ 的常见范围（$\gamma \in$（2，3）)，后期模拟时可认为 $\alpha \in$（0.5，1）。

2.3.2 社团成因探究机制

本部分将先回顾我们之前的研究中相关方面的成果，然后介绍我们构建的新的机制以及新机制的数值模拟结果。

2.3.2.1 原研究中的探测机制及效果回顾

（1）探测机制回顾

我们在上一本专著[153] 中介绍过我们早期设计的社团结构成因探测机制，该机制基于一维圆环模型。首先，我们假设所有节点在该一维圆环上都是相连的，记 $H=(h_{ij})_{N\times N}$ 为节点在该潜在度量空间中的邻接矩阵，我们称之为隐邻接矩阵，则当 $i\neq j$ 时均有 $h_{ij}=1$，而 $h_{ii}=0$。根据上文对一维圆环模型的介绍可知，给定节点对（i，j），其在模型中对应着一个连边概率 $r_{ij}=r$（θ_i，k_i；θ_j，k_j），其中（θ_i，k_i）和（θ_j，k_j）分别为节点 i 和 j 在一维圆环潜在度量空间中的坐标，θ_i为节点在圆环上的角坐标，k_i为节点在模型中预期的度[131]，我们在上述假设节点在潜在度量空间上是全连接的基础上，对此全连接网络中的边（i，j)，将对应的 r_{ij} 看作该边的权重，则在潜在度量空间上，节点构成一个全连接的加权网络。我们借助于新定义的“隐边聚类系数”的概念设计了一个适合该网络的社团探测算法，探测根据节点在一维圆环模型上的性质蕴含的潜在社团结构，该算法的设计思想借助了上文介绍过的边聚类社团探测算法；紧接着，对于该一维圆环模型生成的可视网络，我们利用上文介绍的原始边聚类探测算法探测该网络的真实社区结构；对于潜在度量空间上节点潜在的社区结构与可视网络中节点真实的社区结构，考察二者的匹配度，以此匹配度的大小说明我们设计的机制的效果。

在潜在度量空间上的加权全连接网络中，对于边（i，j），我们定义其隐边聚类系数为

$$HC_{ij} = \sum_{ijs \in \Delta} \frac{r_{ij} r_{js} r_{si}}{\min[(k_i - 1), (k_j - 1)]} \tag{2-12}$$

其中，Δ 表示边（i，j）在潜在空间中的网络上所在的三角形的集合，k_i 是圆环模型中节点 i 的预期的度，r_{ij} 是前文介绍的一维圆环模型中两节点之间的连边概率。我们认为，节点在潜在度量空间中根据关系的紧密程度同样存在着聚类情况，并进一步在此隐边聚类系数定义的基础上，通过改进传统的边聚类探测算法，提出了一个探测节点在潜在度量空间中的社团即潜在社团的算法。算法设置如下：

Step1：对潜在度量空间上全连接网络中尚存的每条边，计算相应的隐边聚类系数值，并找到最小的 HC_{ij} 对应的边（i，j）；

Step2：移除边（i，j），并相应地修改节点的隐邻接矩阵 H；

Step3：根据修改之后的 H 找到节点的连通分支并暂时作为节点在潜在度量空间中的“社团”；

Step4：用相应可视网络的邻接矩阵 A 来计算 Step3 中得到的节点“社团结构”的度量标准（模块性标准 Q 或 fitness 度量标准，记为 *hiddenQ* 或 *hiddenf*）并返回 Step1；

Step5：在潜在空间的全连接网络中节点之间的连边全部被移除之后，算法停止。

根据算法执行过程中的数据记录找到最大的度量标准（*hiddenQ* 或 *hiddenf*）值，其对应的节点的分组情况即为算法所探测出的节点在潜在度量空

间中的潜在社区。这里我们必须再次强调的是算法的 Step4，我们整个机制的思想是要将节点在潜在度量空间中和可视网络中的社团结构进行对比，而我们欲通过两种方式来进行，一种是对比两种社团结构下社团中节点的匹配程度，另一种是通过比较两种社团结构的同一类度量标准值，因此算法的 Step4 中潜在社团对应的度量标准（*hiddenQ* 或 *hiddenf*）的计算必须同样使用可视网络的邻接矩阵 A 而不是隐邻接矩阵 H[153]。

（2）部分数值模拟效果回顾

在两种社团结构的度量标准值方面，我们以表格的形式展示了我们机制的效果，如表 2-1、表 2-2 所示。

表 2-1　采用模块性标准 Q 的模拟效果

α	1.1	1.5	2.0	2.5	3.0	3.5	4.0	4.5	5.0
≤0.01	2	0	5	11	18	23	22	22	21
≤0.05	7	8	36	64	78	100	98	98	100
≤0.1	16	18	90	100	100	100	100	100	100

表 2-2　采用 fitness 度量标准的模拟效果

α	1.1	1.5	2.0	2.5	3.0	3.5	4.0	4.5	5.0
≤0.000 1	39	85	83	83	83	74	74	86	86
≤0.000 2	82	97	94	100	91	97	100	94	100
≤0.000 5	100	100	100	100	100	100	100	100	100

表 2-1 展示了当参数 $\gamma=2.7$ 以及 $N=1\ 000$ 时，对给定的 α，在生成的相应的 100 个可视网络中模块性分别满足以下条件的网络的数目：$|hiddenQ-Q|\leq 0.01$，$|hiddenQ-Q|\leq 0.05$，以及 $|hiddenQ-Q|\leq 0.1$。表 2-2 展示了当参数 $\gamma=2.7$ 以及 $N=1\ 000$ 时，对给定的 α，在生成的相应的 100 个可视网络中 fitness 度量结果分别满足以下条件的网络的数目：$|hiddenf-f|\leq 0.000\ 1$，$|hiddenf-f|\leq 0.000\ 2$，以及 $|hiddenf-f|\leq 0.000\ 5$。

结果显示，两种度量标准下节点潜在社团结构与相应可视网络真实社团结构的度量结果均相当接近，而且与模块性标准 Q 相比，采用 fitness 度量标准时的结果接近程度更为明显。

进一步地，在两种社团结构的节点匹配度方面，我们同样以表格的形式展示了我们机制的效果，如表 2-3、表 2-4 所示。

表 2-3 展示了当参数 $\gamma=2.7$ 以及 $N=1\ 000$ 时，对给定的 α，在生成的相应的 100 个可视网络中，探测出的相应潜在度量空间和可视网络拓扑中两种社区划分下节点匹配程度的平均值（算法均采用 Q 度量标准）。

表 2-3　采用 Q 度量标准的节点匹配程度平均值

α	1.1	1.5	2.0	2.5	3.0	3.5	4.0	4.5	5.0
%	23.96	40.90	47.93	54.06	56.57	56.81	60.62	59.30	60.56

表 2-4 展示了当参数 $\gamma=2.7$ 以及 $N=1\ 000$ 时，对给定的 α，在生成的相应的 100 个可视网络中，探测出的相应潜在度量空间和可视网络拓扑中两种社区划分下节点匹配程度的平均值（算法均采用 fitness 度量标准）。

表 2-4　采用 fitness 度量标准的节点匹配程度平均值

α	1.1	1.5	2.0	2.5	3.0	3.5	4.0	4.5	5.0
%	99.80	99.69	99.56	99.80	99.76	99.80	99.80	99.78	99.80

从该结果中可以明显地发现，虽然表 2-1 中展示的当算法采用 Q 标准时探测结果的模块性值是十分接近的，但是具体到节点划分即哪些节点同属于同一个社区，匹配程度其实并不是很好（见表 2-3）；而当算法采用 fitness 度量标准时，表 2-4 显示两种社团结构中节点的匹配程度均高于 99%，这也是表 2-2 中当两种社团结构采用 fitness 度量标准时二者接近程度如此之高的原因。

以上展示的数值模拟结果可以说明，如果对算法进行设当的设置，网络的社团结构是完全可以通过节点在潜在度量空间中性质近似得到的，这说明节点在潜在度量空间中的性质完全有可能是现实网络均具有明显社团结构的潜在成因。相关成果于 2012 年发表于 *Physica A: Statistical Mechanics and its Applications* 期刊[4]。另外，在该文章中我们还进一步研究了一维圆环模型中的模型参数 γ 和 α 对效果的影响，更多的数值模拟结果请参考文献［4］或者我们的上一本专著[153]，此处仅作为对原来机制的回顾。

2.3.2.2　新的探测机制的构建及效果展示

（1）构建新的探测机制

我们原来构建的上述社团结构成因探测机制，虽然从匹配度和度量标准值吻合的角度看效果很好，但是由于涉及潜在度量空间中的全连接加权网络上的类似边聚类的探测算法，其计算耗时是非常大的；另外，如前文所述，已有很多研究成果说明了双曲空间模型比一维圆环模型生成的网络在结构、动力学行为、功能特性等方面与现实网络更接近。因此，接下来我们将在模型和计算时间上对上文回顾的社区探测机制进行改进。

首先，我们将原来的一维圆环模型替换成双曲空间模型。在双曲空间模型中，对于节点 i 和 j，同样有一个表示二者之间连边概率的量（见式（2-10）），我们进一步将其重写为：

$$p_{ij}=p\left(x_{ij}\right)=\frac{1}{1+e^{\zeta(x_{ij}-R)/(2T)}} \tag{2-13}$$

其中，x_{ij} 为双曲空间上节点 i 和 j 之间的双曲距离，其他参数的含义与式（2-10）相同。将 p_{ij} 看作双曲空间中节点 i 和 j 之间所连接的边的权重，同样将节点在潜在度量空间上看作构成全连接加权网络。

接下来，对于潜在度量空间上社区探测算法的设计，我们不再采用之前的方式，而是根据边上的权重借助平面最大过滤图法先将潜在度量空间中的全连接加权网络去掉适当数量的边，将潜在度量空间中节点之间的网络稀疏化之后，再对空间中的新网络以及空间对应的可视网络采用同样的常规边聚类探测算法分别探测社区，即可得到节点在度量空间中的潜在社团结构以及节点在可视网络中的真实社团结构。由于平面最大过滤图法可以起到大大减少原全连接网络中的边数的作用，因此可以大大降低算法的时间复杂度。接下来就同样对两种社团结构中节点的匹配度进行数值模拟，以考察新机制的效果。

平面最大过滤图法（Planar Maximally Filtered Graph，PMFG）是对最小生成树法（Minimum Spanning Tree，MST）的改进。我们知道最小生成树具有以下两个特征：平面图；无闭环，N 个节点对应（$N-1$）条边，可以看出其留下的边的数量是非常少的，不适合对我们这个问题的研究。平面最大过滤图法则保留了平面图的特征，而对无闭环的特性进行了弱化，使得其中可以包括一些团（clique），最终对应于 N 个节点会留下 3（$N-1$）条边，这使得处理之后的网络可以有更多的边以及更丰富的结构。平面最大过滤图法于 2005 年由 M. Tumminello 等人在期刊 *Proceedings of the National Academy of Sciences* 上发表的学术文章中提出，具体内容请参考文献［154］。另外需要注意的是，平面最大过滤图法是对最小生成树法的改进，因此留下的是边权较小的边，而在我们的机制中，边权是节点之间的连边概率，应该是越大越应该留下。因此可将 p_{ij} 简单地取倒数作为边权，再采用平面最大过滤图法。

另外，在我们所用的双曲空间模型中，我们令空间曲率参数 $K=-1$，设定预期平均度 $\langle k\rangle$ 为 6 [4,151]，则双曲模型中的参数将变为与网络聚类相关的系统温度参数 T 以及与可视网络幂律分布指数相关的参数 α（注意，此 α 为双曲模型中径坐标指数分布的参数 α，而不是一维圆环模型中的 α）。

（2）数值模拟效果展示

上文中我们阐述了从算法时间复杂度的角度引入 PMFG 的必要性，但是在真正引入之前，还应考察引入 PMFG 与不引入 PMFG 而直接在全连接加权网络上进行预测对机制效果的影响。

我们将在双曲空间中预测出的网络社区称为“双曲社区”，将可视网络中探测出的社区称为网络的“可视社区”。这里，可视社区的探测均采用传统的边聚类探测算法。如果不引入 PMFG 对网络进行稀疏化，那么双曲空间上建立的网络与我们早期构建的一维圆环上预测机制中的网络相同，均为全连接加权网络，此时对潜在空间上双曲社区的探测，采用一维圆环机制中改进的边聚类探测算法（详见 2. 3. 2. 1 节）；如果引入 PMFG 对双曲空间中的全连接网络进行稀疏化，对于空间上稀疏之后的网络，采用与可视网络相同的传统边聚类探测算法进行双曲社区的探测。我们对引入和不引入 PMFG 探测出的双曲社区，分别与相应可视网络中的可视社区进行节点划分的匹配度的计算，并将部分参数下两种匹配度的结果展示在图 2-18 中，其中，横坐标为双曲空间中的参数（T，α）的取值，纵坐标为匹配度，灰色为不引入 PMFG 时预测出的双曲社区与可视社区的匹配度，白色为引入 PMFG 时预测出的双曲社区与可视社区的匹配度。由图 2-18 可以看出，绝大多数参数下引入 PMFG 时我们预测出的社区与可视网络中真实可见的社区的匹配程度更高，这就从匹配效果方面说明了引入 PMFG 的必要性。

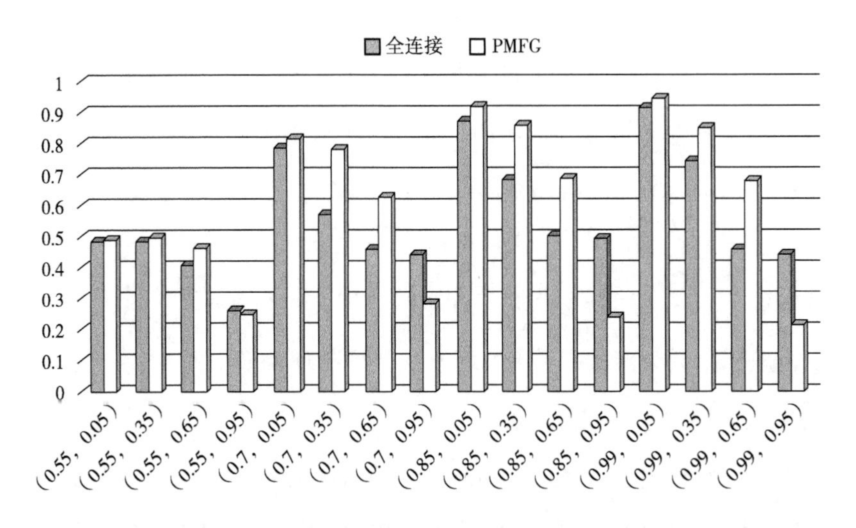

图 2-18　双曲模型部分参数下引入 PMFG 与不引入 PMFG 匹配度对比

基于上文所分析的从时间复杂度角度和匹配效果角度引入 PMFG 的必要性，接下来对机制效果的模拟均为引入 PMFG 之后的效果展示。

首先是从匹配程度角度对机制效果的展示，我们同样在 Q 和 fitness 两种不同的社区度量标准下进行。图 2-19 为 Q 标准下的匹配度热力图，横、纵坐标分别为双曲模型中的参数 T、参数 α（二者的取值范围可参考 2. 3. 1 节），交叉处的数值及颜色为相应的机制匹配度情况。由图 2-19 可以看出，当 T 越小 α 越大时，机制效果越好，匹配度可达 90%以上；对任意给定的 α，匹配度随 T 的减小而增大。我们知道，在双曲模型中系统温度参数 T 决定着网络的聚类，T 越趋近于 0，网络聚类程度越高，这说明我们的机制对高聚类的网络效果更好；对于给定的较小的 T（如 $T<0.3$），匹配度随着参数 α 的增大而增大，结合 2. 3. 1 节式（2-11）可知，匹配度随着幂指数 γ 的增大而增大，根据幂律分布的特点，γ 越大，网络中度小的节点越多、度大的节点（hub 节点）越少，节点度的异质性越明显，说明网络的无标度特性越强。因此当 T 较小时，匹配度随着网络无标度特性的增强而增大，这说明我们的机制对具有一定聚类程度的网络而言，网络无标度特性越强，我们的社区预测机制效果越好。图 2-20 展示的是 fitness 标准下我们的机制的匹配度热力图，可以看出其呈现出与图 2-19 类似的特点，但是数值较大的区域明显变小。因此，我们进一步考察了 Q 和 fitness 两种不同的标准下匹配度的差，以体现哪种社区度量标准下我们的机制更有效，并将结果展示在图 2-21 到图 2-25 中。

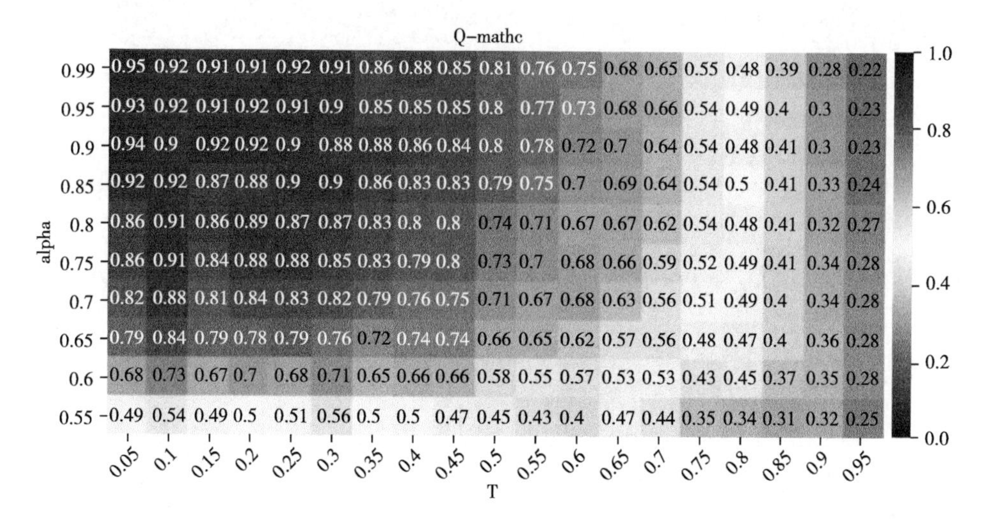

图 2-19　*Q* 度量标准下的匹配度热力图

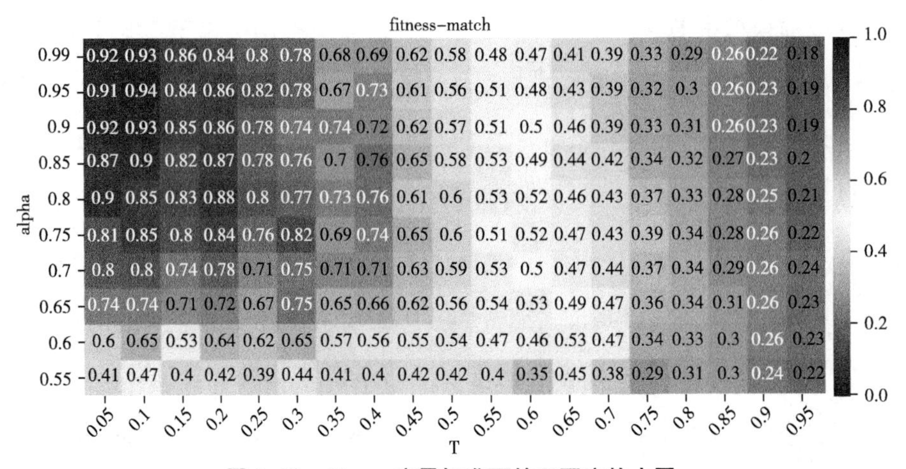

图 2-20　fitness 度量标准下的匹配度热力图

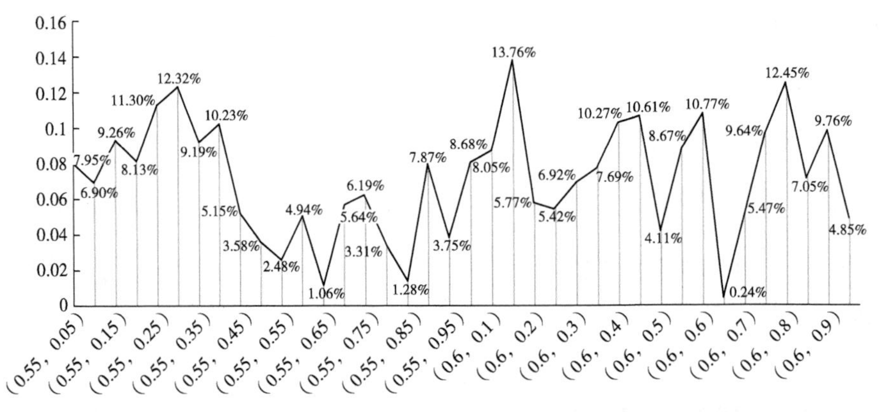

图 2-21　Q 标准下机制匹配度减去 fitness 标准下机制匹配度（$\alpha=0.55$ 及 $\alpha=0.6$，$T\in(0, 1)$）

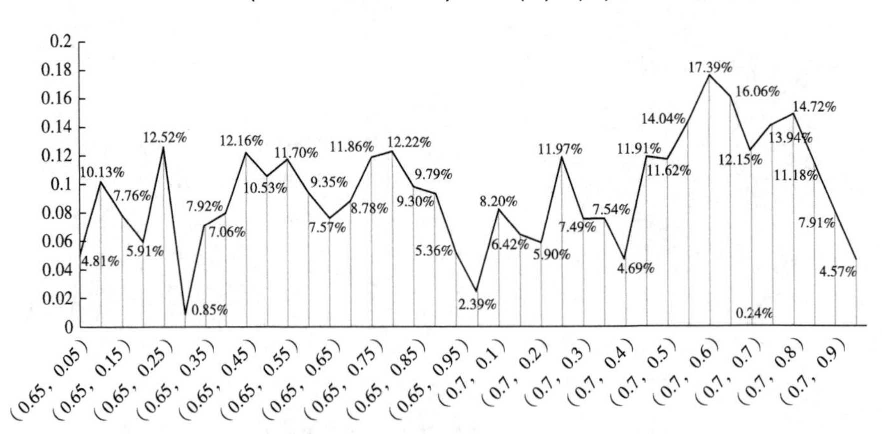

图 2-22　Q 标准下机制匹配度减去 fitness 标准下机制匹配度（$\alpha=0.65$ 及 $\alpha=0.7$，$T\in(0, 1)$）

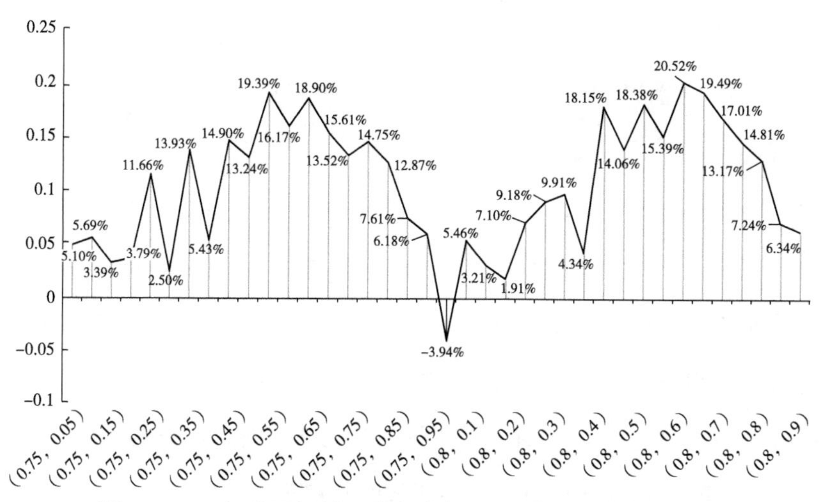

图 2-23　Q 标准下机制匹配度减去 fitness 标准下机制匹配度（$\alpha=0.75$ 及 $\alpha=0.8$，$T\in(0,1)$）

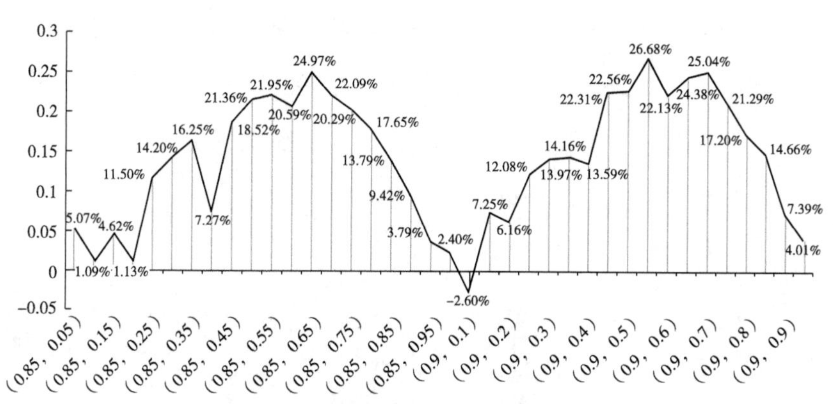

图 2-24　Q 标准下机制匹配度减去 fitness 标准下机制匹配度（$\alpha=0.85$ 及 $\alpha=0.9$，$T\in(0,1)$）

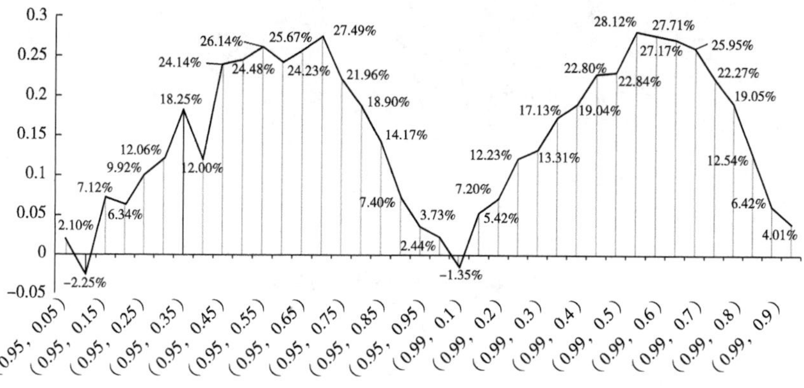

图 2-25　Q 标准下机制匹配度减去 fitness 标准下机制匹配度（$\alpha=0.95$ 及 $\alpha=0.99$，$T\in(0,1)$）

从图 2-21 至图 2-25 中可以看出，Q 标准下的匹配度基本均明显高于 fitness 标准下的匹配度，这说明从节点划分准确度的角度来看我们的机制在 Q 指标下效果更好。

其次是对机制稳定性的分析。由于随机性的存在，同样的模型参数下需要进行多次实验（本部分实际模拟中进行 50 次实验），并对匹配度求平均才是以上图像中该组参数下展示出的最终匹配度，这就涉及机制稳定性的问题，会不会存在同一组参数下的不同实验匹配度差别极大的情况。因此，我们引入离散系数指标对其进行量化分析，对于同一组参数下的 50 个匹配度实验结果，计算其离散系数，离散系数越小，说明算法越稳定。

图 2-26、图 2-27 分别展示的是 Q 和 fitness 指标下我们机制的匹配度的离散系数，两种指标下都是对于 T 和 α 的中间取值情况，图像颜色较深，说明此时离散系数较大。另外，Q 指标下的离散系数均在 0.3 以下，绝大部分在 0.15 以下；fitness 指标下的离散系数均在 0.51 以下，绝大部分在 0.25 以下。整体来看，Q 指标下机制的稳定性更好。

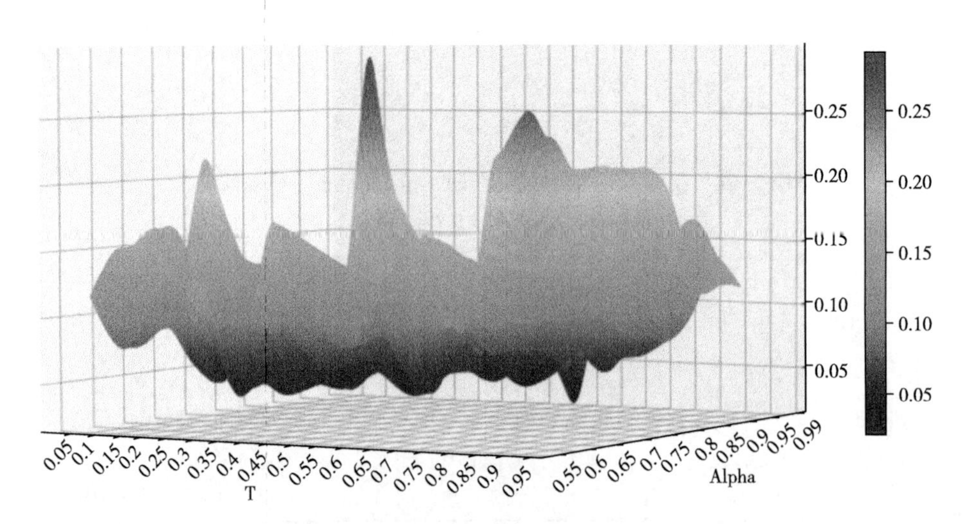

图 2-26　Q 指标下的离散系数三维热力图

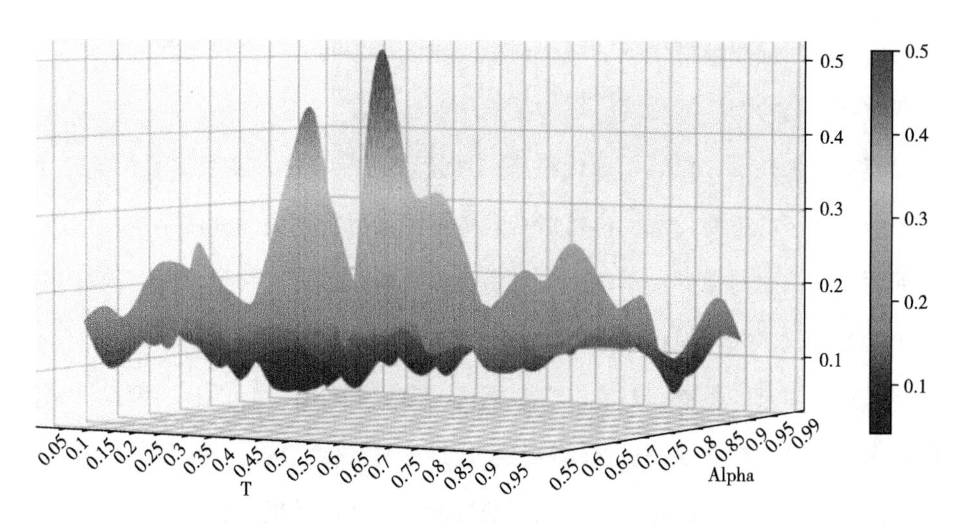

图 2-27　fitness 指标下的离散系数三维热力图

2.4　总结和讨论

本章主要介绍网络社团结构方面的相关知识，包括社区的定义、探测算法、算法评价标准，在此基础上回顾了我们之前有关网络社区结构成因探索方面的成果，并对原探测机制进行了优化，以对网络社团结构成因进行进一步的探究。

在基础知识方面，我们首先介绍了社团结构的直观定义以及若干可用的量化定义方式，包括基于链接频数的、强弱社区的概念、LS 集、基于派系的概念等。在介绍社区探测的若干算法之前，我们先介绍了算法的评价标准，包括正确与否的判断方法以及好坏的 Q 及 fitness 等判断标准，在此基础上对社区探测算法进行了综述，并对几个重要的算法进行了详细的介绍。

在社区成因的探究机制方面，我们首先回顾了我们之前的相关成果，并在此基础上将原机制中的一维圆环模型升级为双曲空间模型。另外，考虑到原模型中在全连接网络上进行类似边聚类探测的算法耗时太多，我们引入了平面最大过滤图法将潜在度量空间中的全连接网络进行稀疏化。之后对空间中的网络和之前用双曲空间模型生成的可视网络同时进行相同的社区探测算法。最后对比两种社区结构的匹配程度，以验证机制的有效性。

模拟结果显示，虽然稀疏化将潜在度量空间中的绝大多数信息给抹掉了，但是利用剩下的主要信息同样可以有效地预测出可视网络的社团结构，这再一次证明了我们之前得到的结论：节点潜在的性质或许是网络演化成目前具有社团结构等如此多共同特性的成因。

另外，本章的机制只是在非重叠社区的前提下进行设计的，实际上，网络的社区结构既包括非重叠社区结构，也包括重叠社区结构。如果说非重叠社区是对网络的划分的话，那么重叠社区结构就是对网络的覆盖，二者的示意图见图 2-28。

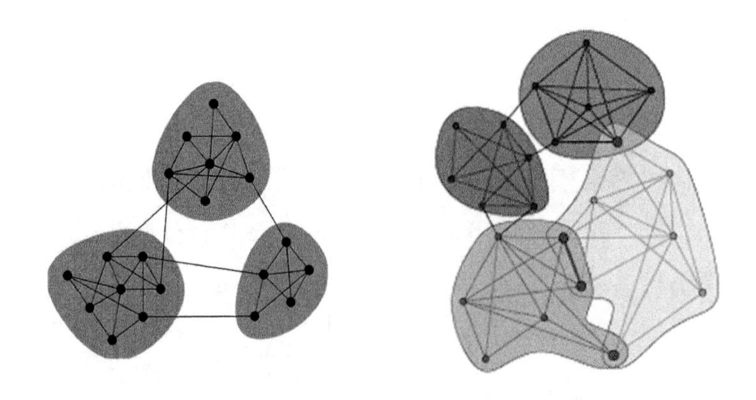

图 2-28　非重叠社区结构与重叠社区结构示意图

重叠社区的探测算法也很多，比如借助于派系定义的 CPM（clique percolation method）重叠社区探测算法[48]。另外，Evans 等人提出通过构建“边图”（以边为节点的图）来发现重叠社区结构[155]，Zhang 等人提出使用模糊 c-means 聚类的方法进行重叠社区的发现，都是除基于完全子图的重叠社区发现方法之外的代表性方法[156]。

我们基于网络潜在度量空间的非重叠社区探测机制，在重叠社区下是否仍然有效，还需进一步地研究。

3 单层网络上社团结构对网络同步过程的影响

本章主要介绍网络社团结构在社团化网络的爆炸性同步过程中起到的作用。我们首先介绍网络同步模型——Kuramoto 振子模型，以及其针对产生爆炸性同步现象进行的模型改进。然后，我们通过模型建立具有无标度拓扑特性以及有偏随机特征的社团化网络，并且网络中社团结构的强度可以通过混合部分进行调控。通过对所建网络上的同步过程进行分析，我们的结果展示了在具有社团结构的网络中，不论在无标度特征的网络还是随机特征的网络中，通过强化不同社团结构之间的混合部分，全局性同步都会被推迟，而且在无标度结构的网络中还展现出一个突然的跳跃式相变。另外，值得一提的是，我们通过理论推导得出了相连星形网络上同步过程的台阶式相变发生的临界点，并通过数值模拟进行了验证，得到了很好的吻合度。本章中的工作主要基于我们关于社团结构对网络同步尤其是爆炸性同步的影响相关的研究成果[5,157]。

3.1 引言

长久以来，关于复杂系统的结构特性及变化如何影响其上的动态过程方面的研究越来越受到国内外学者们的广泛关注，其中，同步过程是在生物、物理和社会学相关复杂系统中最具有代表性的动力学现象之一，许多学者对混乱状态的耦合振子在不同复杂结构上的同步过程进行了探索[29,158,159]。

关于网络上同步过程的研究是非常丰富多样的，包括网络混沌系统中的同步过程[160]、拓扑结构对网络同步的影响[98,99]、同步状态系统中对控制能力的方程刻画[161]，以及在电力、金融等很多真实网络中的同步过程的研究[162,163]等。种种研究结果都表明网络的结构特性对同步过程有着巨大的影响。例如，研究发现，小世界特性既不能保证全局同步的达成，也不能加快同步过程进行的速度[90,100,164]。除此之外，学者也对 Erdos-Renyi（ER）随机图和 Scale-free（SF）无标度网络的同步进行了深入的研究，包括通往同步的路径[165]、再同步时间的幂律分布[97]，以及同步动态过程能够阐明不同的拓扑结构[166] 等现象。

传统的网络宏观结构已经通过研究被证实会对同步现象的发生产生显著的影响。除了这些传统的宏观结构，一些介观层面的网络结构，诸如网络社团结构、网络聚类群、对称性模块等，也引起了我们以及其他研究学者的兴趣，例如聚类群的去同步化性质可以被用来探测和识别复杂网络中的社团[167,168]，Nicosia 等学者发现了网络的对称性在长程同步中扮演了重要的角色[169]，Dal' Maso Peron 等学者也通过研究指出了网络中度为 3 的圈的多少与网络同步过程毫不相干[170]。在更为近期的相关研究中，科学家们在无标度网络的同步过程中发现一个陡峭的不连续相变，并将其命名为“爆炸性同步”，在得出此结论的实验中，网络节点的度与该节点的同步模型中的固有频率存在正相关性[101,171-173]。在此之前，也有学者得到了一些关于社团化结构复杂网络上的同步过程的研究成果，例如：社团间随机、长程的边对同步起到至关重要的作用；同步过程相变情况的变化依赖于社团内部连边的种类；不同的社团内部结构会导致不同的达到同步状态的能力；增加平均最短路径的长度可以推迟局部和全局的同步过程[174-177]；等等。但是，对于网络社团结构到底是如何影响爆炸性同步过程的，相关的研究成果较少。本章围绕这一问题进行了研究，研究成果显示，网络中的社团化结构会对网络同步现象的出现产生非常大的影响。在本章中，我们探索了社团化网络中的连接部分对爆炸性同步现象的作用，这里社团化网络的连接部分的具体含义会在本章后面部分进行具体阐释。我们发现，在社团化网络中通过加强连接部分，全局的同步会被推迟，并且推迟的过程存在着一个陡峭的相变。此外，我们会展示大量的理论依据和数值模拟，来证实星形模型中同步过程台阶式相变的发生。为了更好地描述和分析网络中的连接部分，我们运用并拓展 Lancichinetti 提出的标准图模型中的参数 μ 的概念[118]（本书 2.2.2 节介绍的社区探测算法的人工合成测试集之一）来使其容易调控，具体内容详见下文。

3.2　改进的网络振子 Kuramoto 同步模型

这里，我们首先简要地描述一下网络结构化的振子模型——Kuramoto 模型[177,178]。Kuramoto 模型考虑的是一个包含 N 个耦合振子的系统，每个振子在时刻 t 拥有状态 θ_i（t），并且每个振子的固有频率 ω_i 是根据一个已知的概率密度函数 g（ω）给出的。每个 Kuramoto 振子都会试图按照其频率运转，但是振子与振子之间的耦合关系会起到限制作用，将它们的状态运转都互相同步到其他振子的状态上。考虑到 N 个完全相同的振子组成一个连通的无向无权图 G（N，E），其中有 N 个节点和 E 条边。每个振子 i 在任一时刻 t 都被其状态 θ_i（t）刻画，而所有的 θ_i（t）都通过下面的方程进行演化：

$$\frac{\mathrm{d}\theta_i(t)}{\mathrm{d}t}=\omega_i+\sum_{j=1}^{N}\lambda_{ij}a_{ij}\sin(\theta_j(t)-\theta_i(t)),\ i=1,\ \cdots,\ N \tag{3-1}$$

其中，a_{ij} 是网络邻接矩阵中的元素，这些元素唯一地定义了网络中节点与节点之间的连边关系，满足当节点 i 与节点 j 相连时 $a_{ij}=1$，当节点 i 与节点 j 无连边时 $a_{ij}=0$。

根据文献［101］的研究，爆炸性同步只发生在特定的情况下，也就是当网络中每个节点的固有频率都正比于节点自己的度时。基于此，在我们的模型中我们令每个节点 i 的频率 ω_i 都等于它的度 k_i，这样，我们就只需要专注于探索社团网络中连接部分对爆炸性同步的作用，而不用再关心振子的固有频率在爆炸性同步中所起到的作用。

公式中的参数 λ_{ij} 代表相互连接的节点之间的耦合强度，如果耦合强度充分小，那么振子就相当于独立地无关联地按动力学方程运转；然而，当耦合强度 λ_{ij} 超过某一个阈值时，一个同步现象就会自发地不由自主地出现。这里，我们把平均场理论运用到振子间的耦合强度上，假设所有的连接都拥有相同的耦合强度，也就意味着 $\lambda_{ij}=\lambda$，$\forall i$，j。为了度量整个系统所有振子的耦合效果，也就是同步程度，我们按以下方式定义一个序参数 r（t）：

$$r(t)e^{i\psi(t)} = \frac{1}{N}\sum_{j=1e}^{N}{}^{i\theta_j(t)} \tag{3-2}$$

其中，ψ（t）是整个系统的平均状态量；r（t）$\in$［0，1］，当系统达到全局同步时，r（t）＝1，当系统处于完全不连贯状态即振子混乱无序时，r（t）＝0。系统中振子的状态同步的程度可以通过 $S=\langle r(t)\rangle_T$ 的值来衡量，$\langle\cdots\rangle_T$ 表示针对时间窗口 $T\gg 1$ 的时间平均量。

在上述改进之后的 Kuramoto 模型中，对于给定的网络结构和振子固有频率的分布函数 g（ω），通过式（3-1）及式（3-2）可知，序参数 r（t）是一个关于 λ 的函数，由于 r（t）变为 1 时对应系统同步状态的发生，则根据 r（t）的图像可以找到系统同步发生的相变点。特别地，将该改进之后的 Kuramoto 模型用在全连通网络中，由于 $a_{ij}=1$，$\forall i$，j 并且 $i\neq j$，则其相变临界阈值将在 $\lambda_c=\frac{2}{[\pi g(\bar{w})]}$处，其中 g（$\bar{w}$）是固有频率的分布函数，$\bar{w}$ 是各节点的平均频率。

3.3 具有社团结构的网络上爆炸性同步过程

如前文所述，社团结构是现实世界的网络共同体现出来的一个重要特性，其经常被用来解释或说明复杂系统中的模块化组织结构，基本定义是：一个社团结构是图中一个由节点构成的子集，其要满足子集内节点与内部节点间的连边要多于与子集外部节点的连边（详见本书第 2 章内容）。根据以上社团结构的定义以及 2.2.2 节构建社团化网络的基本图模型的介绍可知，参数 μ 控制着社团间的连边，也称为具有社团结构的网络的混合部分，图 3-1 再次展示了一个利用基本图模型构造出的规模为 300 且具有 7 个社团的社团化网络。

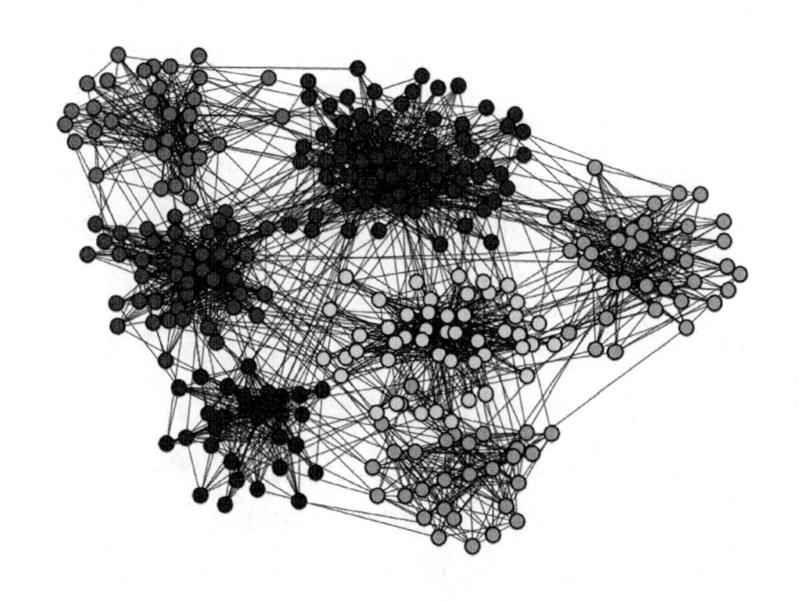

图 3-1　利用标准图模型构造的社团化网络示意图

根据 Gomez-Gardenes 等的研究，爆炸性同步现象出现在具有无标度拓扑结构特性的网络上[101]，因此我们接下来考虑用标准图模型[118] 来构造生成具有可调节混合部分的无标度社团化网络，具体生成方法遵循下列要求及步骤：

①图中节点的度分布满足一个指数为 γ 的幂律分布，分布的两端极值 $k_{\min}$ 和 $k_{\max}$ 的选取要满足平均度为 $\langle k \rangle$ 的要求。

②每个节点以（$1-\mu$）的比率连接同一个社团内部的节点，以 μ 的比率连接自己社团以外的节点，这里 $\mu \in (0, 0.5]$ 为混合参数。

③社团的规模即社团内部包含节点个数的多少服从指数为 β 的幂律分布，

且要满足所有社团的规模之和等于网络节点总容量 N。选取出的社团规模的极小值和极大值 $s_{\min}$ 和 $s_{\max}$ 要满足我们对网络社团定义所包含的强制性限制：$s_{\min}>k_{\min}$ 且 $s_{\max}>k_{\max}$。这保证了不论节点的度为多少，其都能被包含在至少一个社团之中。

④刚开始所有的节点都处于独立状态，即节点不属于任何一个社团。在第一次迭代过程中，节点被分配到随机选取的一个社团中。如果社团规模超过了该节点的内部度（即与社团内部节点之间连边产生的度），则该节点加入这个社团；否则，该节点继续保持独立状态。

⑤在接下来依次迭代的过程中，我们将处于独立状态的节点分配到随机选取的社团中。如果后者已满，则剔除出该社团中随机选取的一个节点，使其恢复独立状态。此过程一直进行直至没有处于独立状态的节点。

⑥为了强制性使得内部邻居的比率能够以混合参数 μ 进行表示，还需进行一些重新连线的步骤，以使得所有节点的度保持不变，只是内部度和外部度（即社团内部节点与社团外部节点连边产生的度）受到影响。

该模型的构造方法拥有很快的收敛速度，图 3-2 展示了完成时间与图中连边数量的关系，由于图中网络节点的个数 N 固定，图中连边数量为 $N\langle k\rangle/2$，因此图中连边数量可以通过平均度 $\langle k\rangle$ 来进行表示。图中曲线清晰地展现出了计算时间和图中连边数量之间的线性关系，因此，此基础图模型可以在合理时间内构造出规模较大的网络（节点规模达 $10^5\sim10^6$）。由于我们对过程设定了很强的限制，在某些情况下不一定能达到收敛，但是实际中我们使用的参数范围并不受此影响，比如实际网络的典型参数区间：$2\leqslant\gamma\leqslant3$，$1\leqslant\beta\leqslant2$。

在标准图模型的构造机制下，我们有了总边数为 $E\cong N\langle k\rangle/2$ 的网络，当 $\mu=0.5$ 时，其为标准的随机网络；当 $\mu\ll1$ 时，其为具有明显社团结构的网络。下面，我们来描述社团之间的混合部分是如何诱导出网络的爆炸性相变的，为了对此问题进行研究，我们将关注点放到混合参数 μ 对社团化网络上同

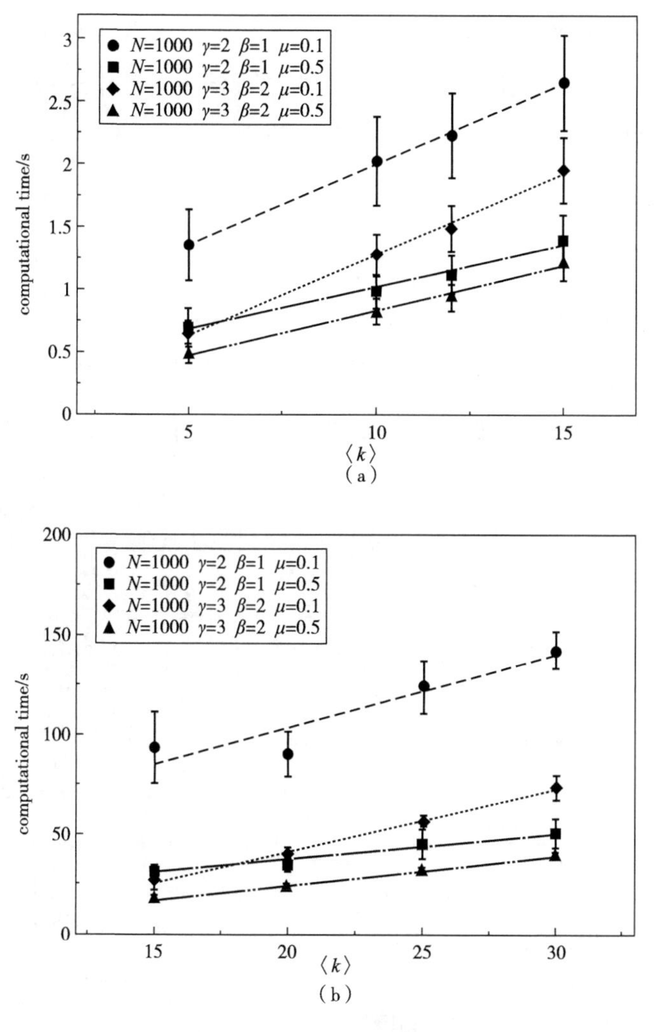

图 3-2　标准图算法时间复杂度

步过程的影响上，由于 μ 是刻画社团之间起到桥梁作用的边的多少的参量，因此我们对 μ 分配不同的数值就可以调节模社团间的混合部分。

为了获得序参数 S，我们采用欧拉法来解式（3-1）。这里，我们定义“前向迭代”为以 $\Delta\lambda=0.02$ 为步长逐渐增大同步中的耦合强度参数 λ，同时观察网络节点的状态；相反的，我们定义“后向迭代”为从达到完全同步状态下某个给定的值 λ_{max} 开始，每一次迭代以上述 $\Delta\lambda$ 的步长逐渐减小 λ 的值，并同时观察网络节点的状态。“前向”和“后向”迭代的思路来自文献

[101]，其研究成果说明两种迭代的行为表现可以被看作爆炸性同步出现的信号，原因在于两种迭代在普通同步和爆炸性同步过程中表现的现象有巨大且显著的差异。

图3-3（a）~（c）展示了$\mu=0.15$，$\mu=0.3$，$\mu=0.5$的情况下分别通过标准图模型构造的网络，图3-3（d）为三个网络对应的前向迭代同步图像，网络规模均为$N=500$，$\gamma=3$，$\beta=1$以及$\langle k\rangle=8$。图3-3（a）和（b）中，节点被分成5个社团（彩色图见文献[5]），这里，我们特别地将标准图模型中社团规模的最大值和最小值均设定为100，这样每个社团就包含数量大致相同的节点。

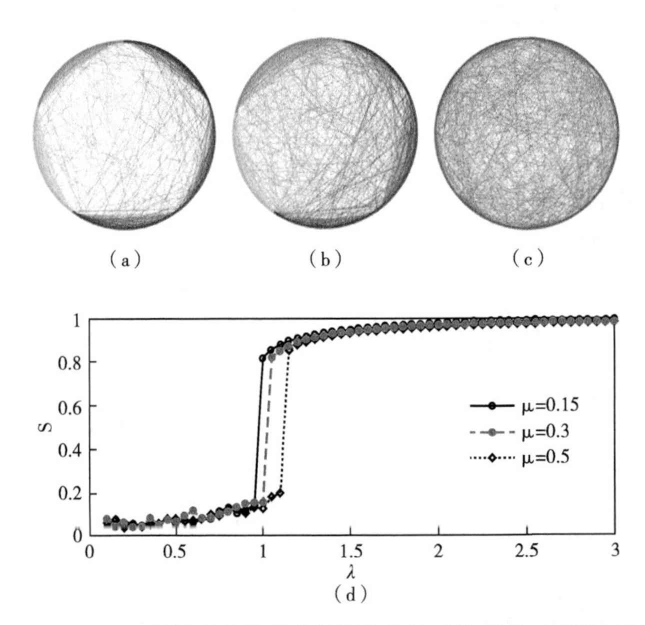

图3-3　不同μ值构造出的具有社团结构的网络及其对应的同步图

图3-3（d）显示了三个网络在前向迭代情况下同步过程序参数S的表现，不难发现在λ足够小的情况下，整个网络的序参数S也保持着充分小的数值；随着λ的增大，在节点度和自然频率存在正相关关系的情况下（特别地，我们这里令$\omega_i=k_i$，详见式（3-1）下的解释），标准图模型构造出的网络会通过陡峭的爆炸性相变达到全局同步状态。具体地，当μ值很小时，例如

$\mu=0.15$，图 3-3（a）所示的社团化结构的网络在临界值 $\lambda=0.8$ 处经历了陡峭的相变达到了完全同步状态（黑色圆点的实线）；随着 μ 值的增加，$\mu=0.3$ 时图 3-3（b）所对应的社团化结构的网络达到全局同步的过程逐渐减慢，相变的临界值推迟到了 $\lambda=1.0$ 处。事实上，伴随着 μ 的增大，网络中社团化结构的明显程度降低，这也就意味着社团化网络中的混合部分变得越来越大，通过这种方法我们知道了增大混合部分可以推迟整个网络的同步过程。对于 $\mu=0.5$ 的情况，网络变成类似完全随机图的结构，“社团”间的混合部分达到最大，网络中社团都完全充分地混合在一起，该网络经历了最慢的同步过程，其临界值为 $\lambda=1.4$。

3.4　基于简化结构对爆炸性同步现象的解释

3.4.1　星形结构及台阶式同步现象的发现

直到现在，对社团结构网络的同步现象从理论层面进行解释的研究不多，其原因主要在于社团化结构本身具有很强的复杂性，尽管如此，我们仍可以通过分析简化的问题从而得到理论分析的结果。我们将研究对象简化为一个连接的星形结构，其是一个拥有包含混合部分这一社团网络特征的特殊结构。如图 3-4 所示，一个连接的星形结构图由 N 个节点构成，包括两个标记为 h_1 和 h_2 的中心节点、唯一连向某一个中心节点的叶子节点，以及同时连接两个中心节点的节点（混合部分节点）。图 3-4 中叶子节点唯一地连接到某一个中心节点上，两个中心节点不直接相连，而是通过其间混合部分节点建立了较强关联关系，这里，我们仍然沿用混合参数 $\mu\in(0,1)$ 来对星形结构中的混合部分进行控制。我们的例子中混合部分节点数理论上为 μN，为了简化问题，我们假设分别连接到这两个中心节点的叶子节点数目相同，这样，每个中心节点就连接 $(N-2-\mu N)/2$ 个叶子节点，整个网络也因此呈现出对称的拓扑结构。

这里要注意的是，考虑到μN代表混合节点个数，并且叶子节点由相同个数的两部分构成，因此，μN应为整数且（$N-\mu N$）应为偶数。

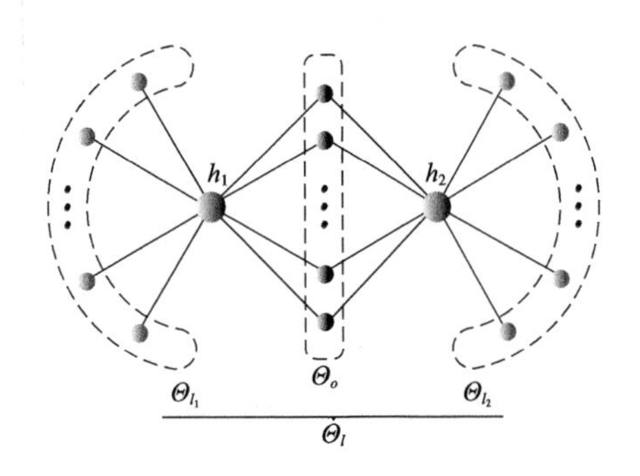

图 3-4　星形结构网络示意图

在图 3-5（a）中，我们绘制了在μ从$\frac{3}{13}$增加到$\frac{7}{13}$时星形网络的前向迭代同步图，序参数S通过前向迭代得到，$\Delta\lambda=0.01$，$N=13$，每个节点的自然频率为$\omega_i=k_i$。这里出现了一个有趣且新颖的现象，那就是在星形网络上出现了台阶式的爆炸性同步过程。这个现象表明，连接着的星形网络上的同步经历了两个明显的过程——部分同步状态和全局同步状态。在前向迭代同步图中，我们可以清晰地看到每个网络的序参数S都显现出一个台阶式的陡峭相变，随着λ增加到某个临界值，网络中的部分节点构成的子集内部达到同步，这就导致了图中第一个台阶反映出的部分同步状态。另外，对于不同的μ值，部分同步状态的区域范围也不相同，较多混合部分即较大的μ值对应着网络中较大的范围会达到部分同步状态，正如图 3-5（a）中方形点线所示；随着λ继续增大，图中显示出了同步过程相变的第二个台阶，这也意味着整个网络的全局同步状态的达成，并且从图中不难发现，混合部分越少即μ越小，越早出现第二台阶的相变，相反，较大的混合部分则会推迟全局同步状态的实现。

为了确认这一结论，我们也对序参数S的变化进行了后向迭代的检验，如图 3-5（b）所示。实验表明，从全局同步到独立不相关状态（即完全不同步

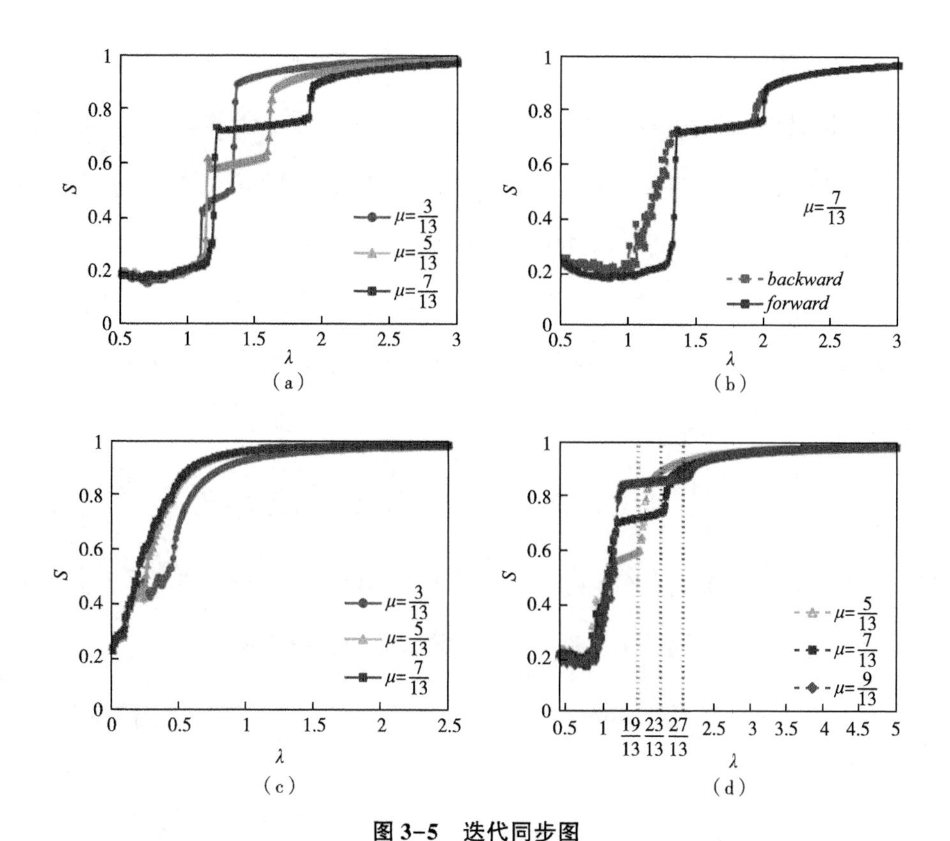

图 3-5　迭代同步图

注：(a) 为三种不同μ情况下对应的星形网络 S vs λ 前向迭代同步图。(b) 为$\mu=\frac{7}{13}$时对应的前向和后向迭代同步图。(c) 为取不同频率分布时星形网络的同步图。(d) 为 (a) 中网络的后向迭代同步图。

状态)，后向迭代过程中也出现了台阶式爆炸性相变，并且前向迭代和后向迭代在不同λ点处发生跳变，图 3-5 中所有的前向迭代由实线表示，后向迭代则由虚线表示。

再次强调，节点的自然频率和节点度的正相关关系（此处为$\omega_i=k_i$）是上述台阶式相变的重要因素。为了印证这点，在$\omega_i \neq k_i$而只满足分布$g(\omega) \sim \omega^{-\gamma}$，其中$\gamma$为相应网络节点度的幂律分布的幂指数情况下，我们在图 3-5 (c) 中展示了相同的星形图结构的同步图，并看到了其与之前结果（图 3-5 (a)）的巨大差异，图 3-5 (c) 中的网络与图 3-5 (a) 中相同，区别仅是自然频率ω_i由满足$\omega_i=k_i$改为只满足$g(\omega) \sim \omega^{-\gamma}$的分布，对同步结果的模拟揭示出原来台阶式的相变变为一个光滑的类似二阶的相变。

根据上面的讨论，我们展示了在节点自然频率 ω_i 正相关于节点度 k_i 即 $\omega_i = k_i$ 的情况下，随着耦合强度 λ 的升高，星形网络同步会出现台阶式相变现象，相变中第一台阶和第二台阶的发生可以通过网络中的混合部分即 μ 值进行控制，对于较大的混合部分，相变中的跳跃点会被推迟。为了从另一方面阐述此结论，我们在图 3-6 中比较了一个模社团和整个网络分别的同步图，其中一个社团可以被看作图 3-4 的左侧部分还包括混合部分（即左侧叶子节点、中心节点以及中间的混合部分的节点）。图 3-6（a）到（d）中 $N=13$，μ 分别为$\frac{3}{13}$、$\frac{5}{13}$、$\frac{7}{13}$、$\frac{11}{13}$。通过比较我们可以发现社区和整个网络中都出现了台阶式相变，但是二者同步图相变跳变点的差距随着 μ 的增大而缩小，这说明了整个星形网络的爆炸性同步过程可以通过增大混合部分来诱导发生。

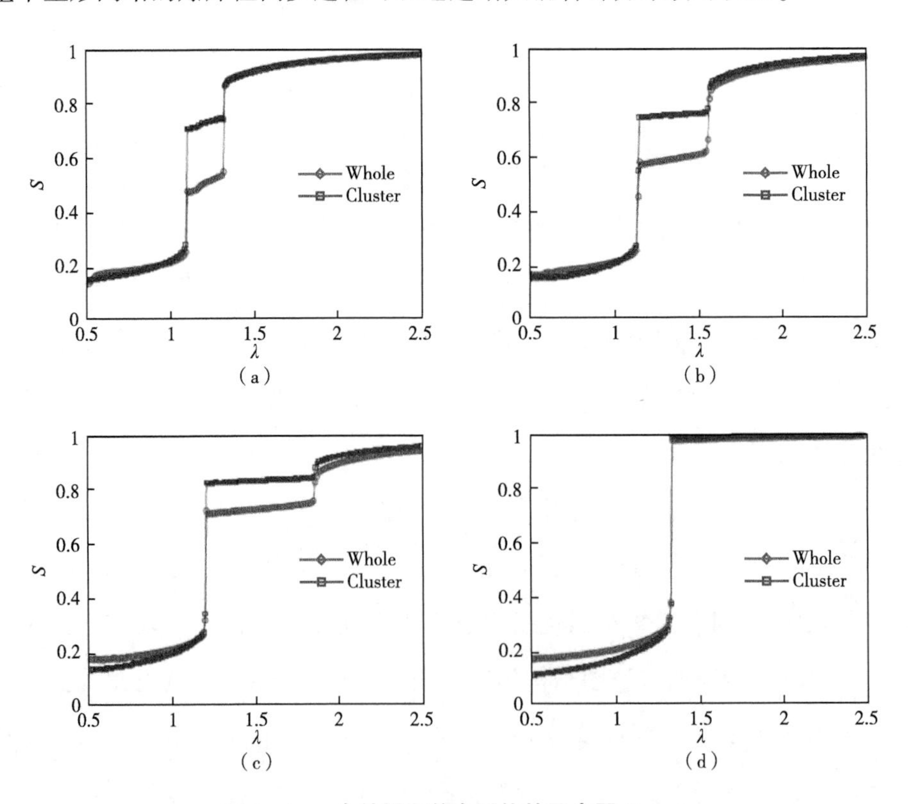

图 3-6　一个社团和整个网络的同步图 S vs λ

3.4.2 台阶式同步相变阈值及理论推导

接下来我们对星形网络在保持 $\omega_i=k_i$ 的情况下为何会出现台阶式陡峭相变进行理论层面的讨论。假设星形网络由 N 个振子构成，混合参数为 μ，我们将节点划分为 Θ_h、Θ_m 以及 Θ_l 三个集合，分别表示中心节点、混合节点以及叶子节点的集合，如图 3-4 所示，并用 ω_h、ω_m、ω_l 分别表示三类节点的自然频率。我们设定 $\psi(t)=\psi(0)+\Omega_t$，其中 Ω 是整个星形网络中振子的平均频率，则

$$\Omega=\frac{|\Theta_h|\omega_h+|\Theta_m|\omega_m+|\Theta_l|\omega_l}{N} \tag{3-3}$$

其中，$|\cdot|$ 表示此集合中元素的数量。不失一般性，这里我们设定 $\psi(0)=0$，我们对 $\theta_i(t)$ 进行一个变换：$\varphi_i(t)=\theta_i(t)-\Omega_t$ $(i\in\Theta_h\cup\Theta_m\cup\Theta_l)$，这样，三个点集上的主要动力学方程就可以描述成以下形式：

$$\frac{\mathrm{d}\varphi_i(t)}{\mathrm{d}t}=\omega_h-\Omega(t)+\lambda\sum_{j\in\Theta_{l_k}\cup\Theta_m}\sin(\varphi_j(t)-\varphi_i(t)),\ i=h_k,\ k=1,\ 2 \tag{3-4}$$

$$\frac{\mathrm{d}\varphi_i(t)}{\mathrm{d}t}=\omega_m-\Omega(t)+\lambda\sum_{j\in\Theta_h}\sin(\varphi_j(t)-\varphi_i(t)),\ \forall i\in\Theta_m \tag{3-5}$$

$$\frac{\mathrm{d}\varphi_i(t)}{\mathrm{d}t}=\omega_l-\Omega(t)+\lambda\sin(\varphi_{h_k}(t)-\varphi_i(t)),\ \forall i\in\Theta_{l_k},\ k=1,\ 2 \tag{3-6}$$

根据之前的研究结果，在整个系统达到状态稳定的完全同步状态后，拓扑结构对称的节点会拥有相同的状态量[169]。为了论证这点，我们考虑在式（3-1）中加入一个状态干扰参数 α，并且令 $\omega_i=\omega$、$\lambda_{ij}=\lambda$：

$$\frac{\mathrm{d}\theta_i(t)}{\mathrm{d}t}=\omega+\lambda\sum_{j=1}^{N}a_{ij}\sin(\theta_j(t)-\theta_i(t)-\alpha),\ i=1,\ \cdots,\ N \tag{3-7}$$

其中，状态干扰参数 $\alpha\in\left[0,\ \frac{\pi}{2}\right]$，当 $\alpha=0$ 时，就变为标准同步方程；当 $\alpha\neq0$ 时，这个状态干扰参数就会强制性地使得直接相连的振子间存在一个恒定的相位差。我们注意到，如果系统达到了全局同步状态并且 α 足够小，

式（3-7）可以通过线性化简化为：

$$\theta_i(t) = \omega - \lambda\left[\sum_{j=1}^{N} L_{ij}\theta_j(t) + \alpha k_i\right] \tag{3-8}$$

其中，$k_i = \sum_j a_{ij}$ 为节点 i 的度，L_{ij} 是图的拉布拉斯矩阵（Laplacian Matrix）$L \equiv D-A$ 的元素，D 是由节点度构成的对角阵（$D_{ii}=k_i$）。不失一般性，我们设定 $\omega=0$，$\lambda=1$，当系统处于相位同步时有 $\theta_i=\Omega$，$\forall i$，因此得到相位必须在任何时候都要满足关系 $\sum_{j=1}^{N} L_{ij}\theta_j = \alpha[\langle k\rangle - k_i]$，也就是

$$\boldsymbol{L\theta} = \alpha[\langle k\rangle \boldsymbol{1} - \boldsymbol{k}] \tag{3-9}$$

其中，$\langle k\rangle = (\sum_i k_i)/N$ 是网络的平均度，$\boldsymbol{\theta}$、$\boldsymbol{1}$、$\boldsymbol{k}$ 为向量。

另一方面，如果一个图 $G(N, E)$ 是对称的，当且仅当存在一个双射 π：$N \to N$，例如可以是 G 的一个自同构（通常一个图存在多个自同构），这时存在一个变换矩阵 $P=P(\pi)$，其满足 $PAP^{-1}=A$，如果 P 对应于 G 的一个自同构，那么 P 和 A 可交换，满足 $PA=AP$，此时，我们有 $PLP^{-1}=PDP^{-1}-PAP^{-1}=D-A=L$，也就是说 P 和图的拉布拉斯矩阵 L 也可交换。现在我们将 P 作用于式（3-9），有 $PL\boldsymbol{\theta}=\alpha P[\langle k\rangle \boldsymbol{1}-\boldsymbol{k}]$。由于对称节点度相同，我们有 $Pk=k$，以及 $PL=LP$，代入后可以得到

$$LP\boldsymbol{\theta} = \boldsymbol{\alpha}[\langle \boldsymbol{k}\rangle \boldsymbol{1} - \boldsymbol{k}] \tag{3-10}$$

比较式（3-9）和式（3-10），我们得到

$$LP\boldsymbol{\theta} = L\boldsymbol{\theta} \tag{3-11}$$

方程有一个自由变量，不妨设为 θ_i，我们令 $\phi_j=\theta_j-\theta_i$，变换后的新系统为 $\widetilde{L}\widetilde{P}\phi=\widetilde{L}\phi$，$\widetilde{P}$ 是去除 P 中节点 i 对应的行和列之后剩下的低一阶矩阵，$\widetilde{P}$ 仍然是一个变换矩阵。类似地，$\widetilde{L}$ 也为删除 L 的第 i 行和第 i 列后的低一阶矩阵，$\widetilde{L}$ 非奇异，我们对由式（3-11）变换之后的新系统左乘 $\widetilde{L}^{-1}$，得到

$$\widetilde{P}\phi = \phi \tag{3-12}$$

由于 $\widetilde{P}\phi$ 表示的是对对称节点状态的变换，因此式（3-12）说明了对称节点

的状态相等。为了形象描述这一点，图 3-7 中展示了一个简单的例子。

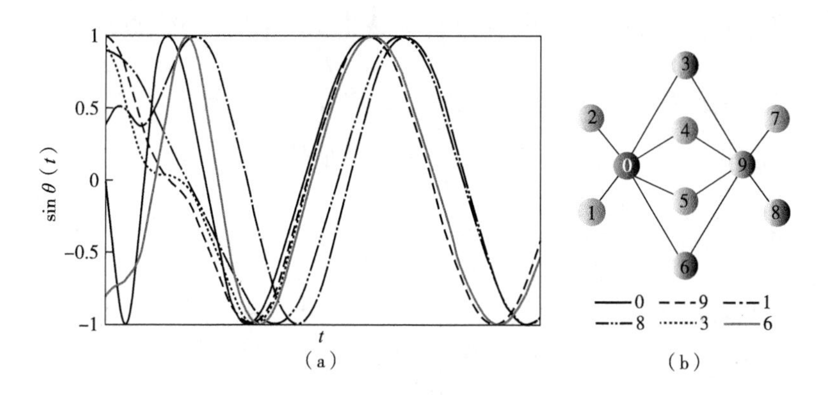

图 3-7　简单的例子

注：(a) 展示了选定的 6 个节点的状态 sinθ（t）随时间 t 的变化。(b) 展示了一个 $\mu=0.4$ 的 10 个节点构成的星形网络，节点依次标号 0，…，9。

在图 3-7 中，节点 0 和节点 9 是一对结构对称的节点，同样节点 1 和节点 8、节点 3 和节点 6 也是对称节点。在系统达到全局同步状态后，对称节点的状态行为表现完全一致，如同图 3-7（a）中对应节点的曲线所示。在我们的例子中，在系统达到全局同步后，我们有：$\varphi_{h_1}=\varphi_{h_2}$，$\varphi_i=\varphi_j$，$\forall i\in\Theta_{l_1}$，$j\in\Theta_{l_2}$。因此，在式（3-4）和式（3-6）中，我们只需要考虑 φ_{h_1} 和 φ_i，$i\in\Theta_{l_1}$：

$$\frac{\mathrm{d}\varphi_{h_1}(t)}{\mathrm{d}t}=\omega_h-\Omega(t)+\lambda\sum_{j\in\Theta_{l_1}\cup\Theta_m}\sin(\varphi_j(t)-\varphi_{h_1}(t)) \tag{3-13}$$

通过解式（3-2）的实部和虚部，很容易得到以下等量关系：

$$Nr\cos\psi(t)=\sum_{j=1}^{N}\cos\theta_j(t) \tag{3-14}$$

$$Nr\sin\psi(t)=\sum_{j=1}^{N}\sin\theta_j(t) \tag{3-15}$$

通过平均场理论，式（3-13）可以被简化为以下形式：

$$\frac{\mathrm{d}\varphi_{h_1}(t)}{\mathrm{d}t}=\omega_h-\Omega(t)+\lambda\sum_{j\in\Theta_{l_1}\cup\Theta_m}\sin(\varphi_j(t)-\varphi_{h_1}(t))$$

$$=\omega_h-\Omega(t)+\lambda\left[\cos\theta_{h_1}(t)(\mathrm{N}r\sin\psi(t)-\sum_{j\in\Theta_m\cup\Theta_{l_2}\cup\{h_1,h_2\}}\sin(\theta_j(t)))\right]-$$

$$\sin\theta_{h_1}(t)\left(Nr\sin\psi(t) - \sum_{j\in\Theta_m\cup\Theta_{l_2}\cup\{h_1,\ h_2\}}\cos(\theta_j(t))\right)$$
$$= \omega_h - \Omega(t) + \lambda\left[-Nr\sin\varphi_{h_1}(t) - \sum_{j\in\Theta_{l_1}}\sin(\varphi_{h_1}(t) - \varphi_j(t))\right] \tag{3-16}$$

通过上述方程，我们可以很容易看到，中心振子的动力学过程由其更新后的频率（$\omega_h - \Omega$）和连接到其上的叶子节点叠加信号所主导。在状态处于锁定的机制中时，我们有$\frac{d\varphi_i(t)}{dt}=0$，$\forall i$，注意到 $\sin\varphi_{h_1}=\sin\varphi_{h_2}$，这里为了方便起见将它们用 $\sin\varphi_h$ 来表示，将式（3-6）中关系代入式（3-16），我们有：

$$\omega_h - \Omega(t) + \lambda Nr\sin\varphi_h(t) + |\Theta_{l_1}|(\Omega(t) - \omega_l) = 0 \tag{3-17}$$

因此，我们得到

$$\sin\varphi_h(t) = \frac{\omega_h - \Omega(t) + |\Theta_{l_1}|(\Omega(t) - \omega_l)}{\lambda Nr} \tag{3-18}$$

用同样的方式，通过考虑同步状态混合部分节点和叶子节点的锁定状态，我们也可以得到以下对 $\cos\varphi_l(t)$（$l\in\Theta_l$）和 $\cos\varphi_m(t)$（$m\in\Theta_m$）的表示：

$$\cos\varphi_m(t) = \frac{\Omega(t) - \omega_m}{2\lambda}\sin\varphi_h(t) + \frac{\sqrt{(1-\sin^2\varphi_h(t))[4\lambda^2 - (\Omega(t) - \omega_m)^2]}}{2\lambda} \tag{3-19}$$

$$\cos\varphi_l(t) = \frac{\Omega(t) - \omega_l}{2\lambda}\sin\varphi_h(t) + \frac{\sqrt{(1-\sin^2\varphi_h(t))[\lambda^2 - (\Omega(t) - \omega_l)^2]}}{\lambda} \tag{3-20}$$

根据式（3-19），该结果当且仅当 $[1-\sin^2\varphi_h(t)][4\lambda^2-(\Omega(t)-\omega_m)^2]\geqslant 0 \Leftrightarrow \lambda \geqslant (\Omega(t)-\omega_m)/2$ 时有效，类似地，式（3-20）当且仅当 $[1-\sin^2\varphi_h(t)][\lambda^2-(\Omega(t)-\omega_l)^2]\geqslant 0\Leftrightarrow\lambda\geqslant\Omega(t)-\omega_l$ 时有效，因此，台阶式同步过程的两个相变临界点就被找到了。在我们的星形模型中，$(|\Theta_l|, |\Theta_m|) = \left(\frac{(1-\mu)N-2}{2}, \mu N\right)$ 并且 $(\omega_m, \omega_l, \omega_h) = \left(2, 1, \frac{(1+\mu)N-2}{2}\right)$，已知上述这些数值，相变临界点可以被计算得到：$\lambda_c^1 = (\mu N-2)/N$ 以及 $\lambda_c^2 = [(1+2\mu)N-4]/N$。因此，当 μ 增加的时候，λ_c^1 和 λ_c^2 在热力学限制 $N\to\infty$ 下趋近于 1 和 3，这些结论和图 3-5（d）中的

结果完美吻合。另外，$\lambda_c{}^2-\lambda_c{}^1=[(1+\mu)N-2]/N>0$ 印证了相变的台阶式特征，其中 $\lambda_c{}^1$ 是第一台阶达到部分同步状态时的相变临界点，$\lambda_c{}^2$ 是第二台阶达到全局同步状态时的相变临界点。

3.5　有偏随机社团化网络同步的控制

上文介绍了在具有无标度特征的社团网络上的爆炸性同步过程，并且在具有无标度特征的星形结构上对台阶式爆炸性同步这一新发现进行了理论推导，得出了很好的结论。接下来，我们对在非无标度特征的社团网络上的同步过程也进行探讨。

首先，我们运用一个新的模型来构建类随机的有偏随机社团化网络。在这里，我们仍然沿用混合参数 $\mu\in(0, 0.5]$ 来描述有偏随机社团化网络中边界重合部分所占比例。根据混合参数的定义，有偏随机社团化网络的生成步骤如下：

①考虑一个包含 N 个节点的网络，假设 N 个节点被分配到 m 个团体中，每个团体的规模是随机取定的 n_i（$i=1, \cdots, m$），满足 $\sum_{i=1}^{m} n_i = N$。

②在每个团体 i 中对内部节点以概率 p 进行两两连边。

③在团体 i 和 j 之间，对任一笛卡尔乘积节点对以概率 q 进行连边。

通过对概率 p 和 q 的控制，可以实现模型中的团体即为我们的研究目标——网络中的模社团结构。

图 3-8 展示了一个有偏随机社团网络的示意图，图中阴影部分即为社团区域，实线代表社团内部的边，虚线代表社团之间的连边。在这种机制下，社团内部连边数目的期望为 $\frac{1}{2}n_i(n_i-1)p$，社团之间连边数目的期望为 n_in_jq，因此，所建网络总边数期望值为：

$$E = \sum_{i=1}^{m} \frac{1}{2}n_i(n_i - 1)p + \sum_{i<j}^{m} n_in_jq \tag{3-21}$$

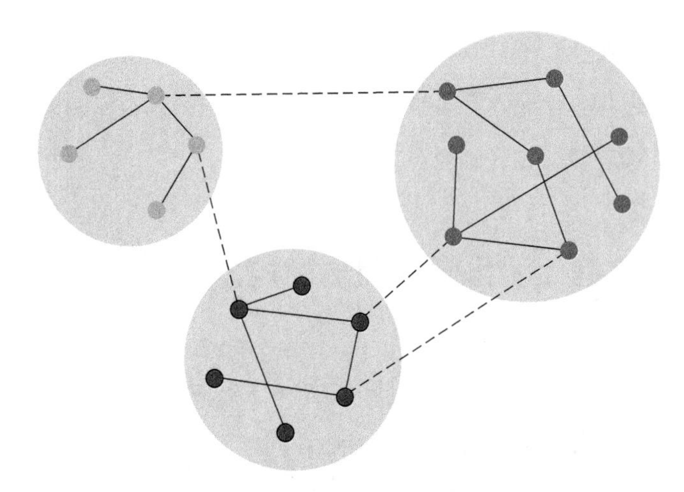

图 3-8　有偏随机社团网络示意图

给定混合参数μ和平均度$\langle k\rangle$，模型中的概率参数p和q必须满足：

$$p = \frac{(1-\mu)N\langle k\rangle}{\sum_{i=1}^{m} n_i(n_i - 1)} \tag{3-22}$$

$$q = \frac{\mu N\langle k\rangle}{2\sum_{i<j}^{m} n_i n_j} \tag{3-23}$$

同本章前文所介绍的标准图模型一样，当$\mu=0.5$时，生成网络变为一个标准随机图（如图 3-9（c）所示）；当$\mu \ll 1$时，生成图变为一个具有明显社团化结构的网络。

我们同样也关注此社团网络上μ对同步过程的作用，这里的μ是衡量社团之间起到桥梁作用的边的比例，而非前文中的社团间节点比例，但我们同样可以通过对μ进行不同的赋值来调控此定义下混合部分（边）的大小。我们主要探究一个选定社团内部的同步过程和整个网络的同步过程之间的关系，具体来说，我们定义社团i的序参数为$S_i=\langle r_i\rangle_T$，这里$\langle \cdot \rangle_T$为时间尺度T下的平均，r_i定义为：$r_i = \frac{1}{|C_i|}\left|\sum_{j\in C_i} e^{i\theta_j}\right|$，其中$C_i$表示社团$i$中的节点集合。这种情况下，社团$i$内节点的同步过程被单独考虑，我们发现，作为整个网络的子部分，随着耦合强度λ的增大，选定社团比整个网络达到完全同步状态更快

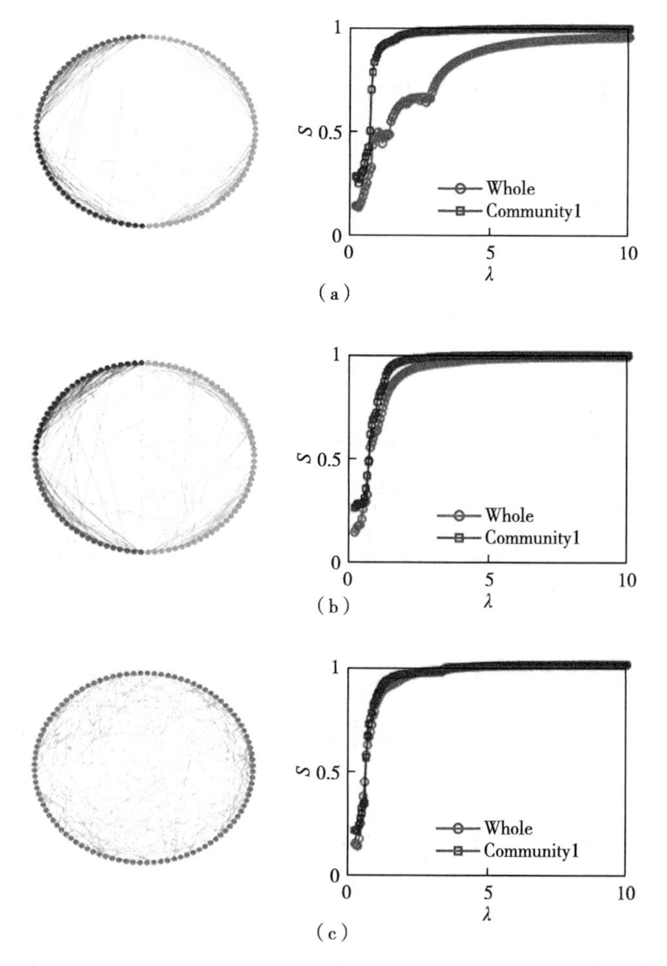

图 3-9 有偏随机社团网络、对应的整个网络与社团 1 上的同步图

更陡峭；然而，随着 μ 的增大，也就是混合部分变得越来越密集，社团同步和整体同步变得几乎同时发生并且相变图十分相似。为了说明这点，下面展示社团 i 和整个网络的序参数对于不同 μ 的变化情况。在这里，我们也通过欧拉法来获取序参数的结果，不同于本章前文的是这里取 $\Delta\lambda=0.01$。图 3-9 展示了整个网络和社团 1 的 同步过程序参数变化情况，图 3-9 左侧展示的分别是 $\mu=0.05$，$\mu=0.15$，$\mu=0.5$ 时生成的社团化网络，（a）（b）中节点被平均分为 4 个社区，（a）中左下四分之一节点为社团 1 中的节点，（b）中左上四分之一节点为社团 1 中的节点；图右侧是和左侧网络结构相对应的整个网络和社团 1 的同步图，整个网络和每个社团的规模分别是 100 和 25，在我们的例子中，每个社团有相同数量的节点和相同的加边规则，因此，我们选取社团 1 作为一个典型代表。当 λ 充分小时，社团 1 和整个网络的序参数 S 都非常小。当 μ 很小时，例如 $\mu=0.05$（如图 3-9（a）所示），社团体现出一个达到同步状态的陡峭的相变（矩形点线），快于整个网络，但是整个网络的同步在达到同步状态过程中显现出了几次跳跃；当 μ 增大时（参见图 3-9（b）中 $\mu=0.15$ 的例子），我们可以发现整个网络达到同步状态变快了，几乎和单个社团同样快速。事实上，随着 μ 的增加（这也意味着网络中的混合部分越来越大），社团结构变得越来越不清晰，整个网络越来越趋近于形成一个社团，因此其同步状态发生的速度与一个社团越来越趋近。基于此结论，整个网络的同步过程可以通过增大混合部分比率来得以加速。对于 $\mu=0.5$ 的情况，网络变为一个纯粹的随机图，社团充分混合在一起并且整个网络和单个社团的同步过程体现得完全一致。上述数值结果也意味着小的混合部分可以对全局同步起到推迟作用。

3.6 时变网络上同步过程的探索

近几年来，关注于活动驱动模型构造出的时变网络上动态过程的研究越来越多，这个模型代表了研究网络随时间演变过程中动态过程的一种自然架构，并且能够对一些结构特征的形成进行合理的解释，例如中心节点的出现可以源自节点的异质性活动[179-181] 等。我们认为时变网络展现出的拓扑特征应该对网络上的同步过程起到促进作用，但是关于此方面在时变网络上的同步过程的研究不多，本部分通过建立活动驱动的同步模型来对时变网络上的同步过程进行初步探索研究。

3.6.1 时变网络生成模型

我们首先采用活动驱动模型构造时变网络，该模型运用活动的分布来驱动网络动态变化的形式[179]。图 3-10 为示意图。

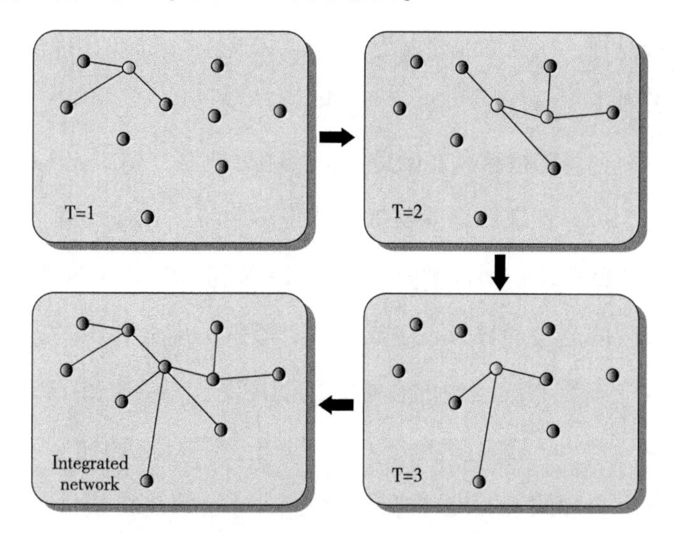

图 3-10 活动驱动网络模型生成时变网络示意图

每个节点被表征为一个活动的可能性 x，用来描述该节点建立连边的倾向性。活动可能性 x 被正式定义为一个比率，其中分子为在特征时间窗口或给定时间长度 δ_t 内节点连边的数目，分母为在同样时间窗口内所有节点的连边数量总数。在这个模型中，N 个完全不相连的节点被设为初始状态，它们中的每个节点都被分配一个活动或激活比率 $a_i=\eta x_i$，其被定义为单位时间该节点同其他个体建立新的连边的概率，η 为尺度调节因子，用来满足单位时间系统内活跃节点的平均数量为 $\eta\langle x\rangle N$。活动比率要满足数目 x_i 应在区间 $\epsilon\leqslant x_i\leqslant 1$ 的范围内，并且根据给定的随机选定的概率分布或者通过经验数据得到的概率分布 $F(x)$ 对其分配。在上述设定下，生成过程可以表述如下：

①每一离散时间步 t，网络 G_t 初始状态设为 N 个完全不相连的节点。

②每个节点 i 以概率 $a_i\delta_t$ 变成活跃节点，并且生成 m 条边连向其他随机选取的 m 个节点；非活跃状态的节点可以接受来自其他活跃节点的连边。

③在下一时间步 $t+\delta_t$，网络 G_t 中的所有边都被删除，从这个定义来看，所有的连边都有一个常数值持续时间 $\tau=\delta_t$。

在上述过程中，因为个体不具备之前时间步中的记忆，因此此过程是随机的并且是马氏过程，网络的全部动态过程以及随后体现出的结构都完全归因于活动可能性分布 $F(x)$。

在这里，我们将考虑服从指数分布的活动可能性，例如 $F(x)=Ax^{-\gamma}$，这样复制出的行为可以保证和实际数据中体现出的特征相似。每一个时间步中，网络是一个拥有低平均连通性的简单随机图，通过测量越来越多的时间切片 T 上的活动而发现的连边的堆积，生成了一个倾斜的度分布 $P_T(k)$。网络异质性和中心节点（拥有很多连边的节点）的出现是由于系统中活动比率具有较宽的变化范围以及个体较高的活跃程度。但是，需要说明的是，这里的中心节点的具体含义具有和网络增长模型（例如优先连边策略模型）中不同的解释，在那些情况中，中心节点在度空间中具有位置优势，从而被动地吸引到越来越多的连边。在我们的模型中，中心节点的建立源自拥有较高活动比率的节点的出现，这些节点有更大的意愿去重复参与连边活动。

此模型可以进行简单的理论分析。我们定义综合网络 $G_T=\cup_{t=0}^{N}G_t$ 为之前每个时间步中获得的网络的并集，在每个时刻 t 生成的瞬时网络由少部分对应于那一时刻处于活跃状态的个体对应的连边节点，外加那些接收到活跃节点发出的连边的节点。节点 i 单位时间的平均度通过活动比率 a_i 得到刻画：

$$\langle k_i\rangle_t=ma_i+m\langle a\rangle \tag{3-24}$$

第一部分贡献来自节点活跃时生成的 m 条连边；第二部分贡献来自从其他处于活跃状态的节点发出并到达节点 m 的连边。每个活跃节点将产生 m 条边，单位时间的总边数为 $E_t=mN\eta\langle x\rangle$，则单位时间内网络平均度为

$$\langle k\rangle_t=\frac{2E_t}{N}=2m\langle a\rangle \tag{3-25}$$

和瞬时网络展现出一组星形结构不同，其定义为之前所有瞬时网络并集的综合网络展现出并不稀疏的结构。在时刻 T，综合网络的度分布 $P_T(k)$ 可以从下式获得：

$$P_T(k)\sim\frac{1}{Tm\eta}F\left[\frac{k}{Tm\eta}\right] \tag{3-26}$$

其中，我们应用了 k/N 和 k/T 的极限（例如，大的网络规模和很长的时间），因此，综合网络度分布和活动可能性具有相同的函数表示。在 $F[x]$ 取合适的分布的情况下，此模型可以复制出数据中体现的连接性分布。

3.6.2 时变网络上同步过程的模拟

接下来我们主要研究活动驱动的时变网络上的同步过程。和具有静态固定拓扑结构的网络上的同步不同，这里采用活动驱动模型建立时变的拓扑结构，并且建立了在这种时变结构上的同步模型。具体过程如下：

①每一离散时间步 t 中，网络 G_t 的每个振子 i 以激活比率 a_i 变为活跃状态并且通过式（3-1）进行耦合。

②在下一时间步 $t+\delta_t$，网络 G_t 中的所有边都被删除，新生成的网络 $G_{t+\delta_t}$ 按步骤①进行。

同传统同步过程的研究一样，我们仍然重点关注足够长时间后序参数 S 的行为。式（3-1）的数值计算过程同样采用了 $\Delta\lambda=0.01$ 的欧拉法。图 3-11 展示了综合网络和时变网络的序参数表现，S 由前向迭代得到，$T=104$，节点自然频率 $\omega_i=k_i$，我们固定 $\eta=10$ 并且 $F(x)\sim x^{-\gamma}$ 中的指数 $\gamma=2.8$，图中所有三角形点线代表综合网络，圆形点线代表时变网络，（a）到（c）中 $N=20$，（d）到（f）中 $N=100$。$N=20$ 的例子中，根据模拟结果我们发现，较高的 m 值可以导致更高的同步状态，也就是部分同步的区域更大，究其原因可能在于随着 m 的增大，活跃的节点会生成更多的连边，也就为某一时刻振子间的耦合提供了更多的通道，因此，拥有更高 m 值的时变网络在长时间后会达到更高的同步程度。但是，综合网络的序参数在足够长时间（$T=104$）后，在不同 m 值的情况下表现基本一致，每个综合网络随着时间尺度的增大都越来越趋近于一个全连通网络，如图 3-12 所示，图中第一排每个节点的大小正比于它的度，并且节点按度的大小排列成圆；第二排是三个时间尺度分别对应的度分布情况，$N=100$，$m=2$。从图 3-12 中我们可以看到，随着积累的时间窗口越来越大，网络的密度不断增加，网络连接的异质性特征开始显现，并且通过度分布可以明显地发现，综合网络的时间尺度影响着它的拓扑结构。

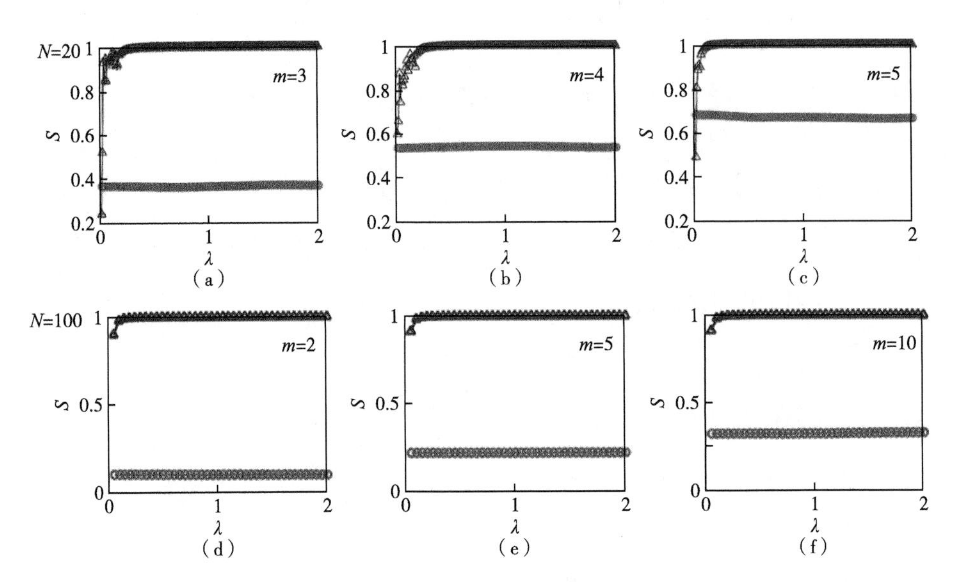

图 3-11　综合网络（三角形点线）和时变网络（圆形点线）上的同步图

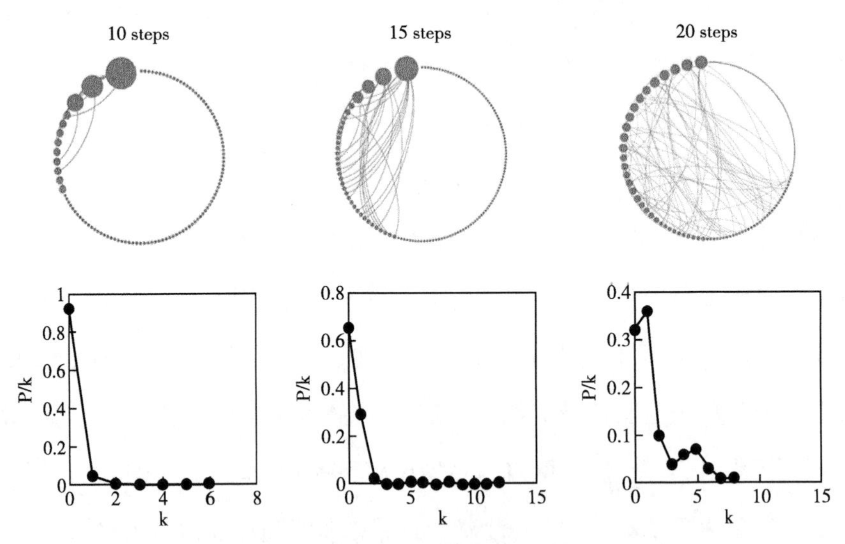

图 3-12　不同时间尺度情况下综合网络的可视化及对应的度分布

这里我们必须注意，时变网络的序参数和传统情况的表现并不一样。传统情况下，序参数随着耦合强度 λ 的增大体现出渐近或陡峭的相变，直到序参数达到其渐近线。对时变网络上同步过程的数值模拟展现出的结果显示，网络的生成机制以及节点的激活比率在同步过程中起到了主导作用，而不是耦合参数 λ。

3.7 总结和讨论

在本章中，我们探索研究了在具有可调控混合部分的社团化网络和星形结构网络上的同步现象。首先，我们采用了节点度和自然频率具有正相关关系的改进的 Kuramoto 模型研究了爆炸性同步现象。在两种网络中，我们都发现网络的混合部分对 Kuramoto 振子的网络同步过程起了重要作用。具体来说，小的或弱的混合部分可以促进整个网络的同步，但是对局部社团结构的同步几乎起不到影响作用；大的或强的混合部分可以推迟同步过程的相变点。特别地，我们展示了一个台阶式相变会发生在星形网络上，其代表并体现出了爆炸性同步的主要特征，并且通过对其上网络进行理论分析，我们得到了相变点（尤其是第二台阶相变点）的理论解。然后，我们通过有偏随机模社团网络研究了在非无标度特征的社团网络上的同步过程，发现了社团性强的部分达到同步的速度快，小的混合部分会推迟全局同步的实现。最后，我们还研究了目前热门的时变网络上的同步过程。通过建立活动驱动同步模型，我们能够对不同时间规模以及离散时间尺度的时变网络进行同步动力学研究。研究结果显示，有别于传统静态网络，时变网络的同步过程由生成机制和激活比率所主导。我们坚信，这些结论可以对混合部分在网络动力学研究过程中获取更为具体的理解带来极为实用的帮助，后续工作可以关注于模社团结构网络上其他类型振子的研究。

4 多重网络上社团结构及层间关联对多层同步过程的影响

如前文所述，同步现象在复杂网络动力学过程中扮演着重要角色，本章主要从多重网络的角度对具有社团结构的网络同步过程进行更深入的研究。研究过程中，我们锁定研究对象为具体选定的某一层网络（体现现实网络特征），定义目标层以外的社团结构网络以及其他层对目标层的关联强度为外部性，其中目标层以外的模社团结构网络具体分为模社团结构的混合部分以及网络振子间耦合强度两个可量化的参量。通过上述定义，我们探索了外部性在多层Kuramoto模型中的影响作用。研究指出，外部层中大或强的混合部分会推迟同步的实现，然而增强外部层内振子间耦合强度会对同步过程起到有限的加速作用。此外，在节点度与自然频率正相关的前提下，通过削弱外部层与目标层的层间关联强度，我们可以得到爆炸性同步现象的产生，随着层间关联强度的提高，相变也逐渐趋于平缓和连续。我们的研究结果表明，在多重网络同步过程中，特定目标网络的外部性尤其是社团网络混合部分强度和层间关联强度对其同步过程会产生重大影响。本章中的工作主要基于我们关于外部性尤其是社团混合部分与层内、层间耦合强度对多重网络同步产生的影响相关的研究成果[182]。

4.1 引言

在过去的十几年中，在一个复杂网络上的集体的动态过程，尤其是产生新兴现象的行为，引起了科学界爆发式的关注[29,30,183-185]。最近一段时间，很多学者的注意力放到了异质的网络结构如何影响网络上的动态过程这一问题上[186-188]。同步过程是动态学过程中最为典型、独特的现象之一，大规模的并且动态交互的振子上的同步过程已经引起了越来越多科学家的兴趣和关注。这种同步现象在生物、化学、物理乃至社会科学等众多科学领域都起到至关重要的作用[158,159,189]。

在过去的二十余年间，关于同步过程的研究已经检验了振子在复杂网络上的过程，例如神经网络和基因网络上的同步过程已经被研究过[190-192]，基因序列的同步过程被发现能直接影响细胞的生存和变异动力学过程[193]。此外，更进一步，大量的研究促进了在很多现实网络上同步过程的探索，例如在金融市场网络[163]、韵律节奏[194]以及电力节点网络[195]等上的同步过程。

在研究和网络上振子的同步过程相关的应用和观点想法的同时，对网络同步过程的研究也并行进行着，那就是对全部独立振子完全同步状态的稳定性和尺度规模的探究[161,196,197]。所有对网络同步过程的研究都可以追溯到1988年，这一年，Watts和Strogatz向世界展示了一个简单的网络结构模型——“小世界”网络，最初试图准确地介绍蜂鸣声音同步问题的连接基础结构。“小世界”网络模型的建立不仅对同步理论做出了新的贡献，也成为后来现代复杂网络科学研究的种子和基础[2]。从那时起，越来越多的研究开始关注由网络内在拓扑结构诱导出的同步过程中各种各样的动力学性质。例如，如上文所述一个被命名为爆炸性同步相变的不连续的状态跳变在无标度网络中被发现[101]，以及社团网络中的混合部分被发现对网络上的同步过程起到重要作用[5]等。不仅如此，在常规单层的社团化网络上的同步过程也取得了一些其他研究成果，例如远距离社团间随机的、长程的连边会加速同步的形成，这也表明同步过程相变受到内部社团间连边情况的影响[174,175]。

在现实世界的复杂网络中，多重网络代表了一种自然而然描述独立团体间不同的相互作用的方法，是更贴近现实中复杂情况的一种模型。因此，对多重网络上动态过程和现象的探索和研究获得了科学界越来越多的关注，很多相关的研究已经被科学家们完成，包括多重网络的多重性、多重网络相互演变、级联现象以及从谱特性出发来研究类似传播的过程等。但是，在我们的成果发表之前，在多重网络上的同步过程研究很少或者仅在小规模的示意性网络上进行分析，社团化结构对多重网络上同步过程的影响仍不甚清晰。

本章主要介绍我们应用于多重网络的多层 Kuramoto 模型，因为现实世界中的网络多体现出无标度特征，因此其中无标度网络所在的一层为我们的研究目标。我们将和无标度网络所在层没有直接联系的所有因素都定义为外部性，本章中的外部性包括其他层（包括其他层的结构特性和对其他层的耦合程度）以及层与层间的连边和耦合强度。研究的主要目标是探索外部性是如何影响所选定的目标层上面的同步过程的。具体来说，我们建立了包括两种不同拓扑结构的多重网络：一种是无标度网络构成的层，代表现实世界中的社交网络；另一种是社团化结构的网络层，代表网络中内在的聚类情况。研究结果显示，对无标度网络层上的同步过程，来自外部层的大而强的混合部分会推迟同步过程的相变点，但是来自其他层的耦合强度对同步过程起到有限的加速作用，当然，爆炸性同步现象可以通过减弱层间关联强度来诱导实现。为了能更好地描述并且分析网络中混合部分的作用，我们仍然沿用混合参数来控制混合部分。

4.2 多层 Kuramoto 同步模型

在理解同步现象的研究过程中，众多成功尝试之一就源自 Kuramoto，Kuramoto 确认了研究同步过程中理论分析最为合适的方法就是平均场方法，并且提出了一个振子模型，振子状态之间全部通过正弦耦合。如上一章所述，Kuramoto 模型包括数量为 N 的相互耦合的振子，每个振子在时刻 t 的状态为 $\theta_i(t)$，自然频率 ω_i 的分布由概率密度函数 $g(\omega)$ 得出[177,178]，振子状态间的耦合遵循式（3-1），其中 λ_{ij} 表示相连振子间的耦合强度，如果耦合强度足够小，振子的状态将会独立无规则地演化；当 λ_{ij} 超过某一个阈值时，一个集体性的同步现象就会不由自主地发生。

整个系统 G 的子集 G_s 中振子的集体动态同步程度可以用下面的介观尺度的序参数来衡量：

$$r(t) = \left| \frac{1}{N} \sum_{j \in G_s} e^{i\theta_j(t)} \right| \tag{4-1}$$

其中，$0 \leqslant r(t) \leqslant 1$ 刻画全体振子的一致程度，当完全同步状态达到时，$r(t)=1$；完全无关联情况时，$r(t)=0$。如上一章所述，状态同步的程度可以通过 $S=\langle r(t) \rangle_T$ 的值来检测。

在多重网络的情况下，我们考虑一个包含多层数的振子系统 G，每一层都是一个连通的、无向的、有限的包含 N 个节点的网络。同步过程在每一层的节点中相互耦合演化，第 α 层内，通过耦合强度参数 λ_α 进行；不同层 α 层和 β 层之间，通过关联强度参数 $\lambda_{\alpha\beta}$ 进行。这里，我们在振子间耦合上应用平均场方法，假设同一层内所有的连边都拥有相同的耦合强度，也就是一个同质性的耦合强度 $\lambda_{ij}^\alpha=\lambda_\alpha$（$\forall i, j \in \alpha$ 层）。在 α 层内有 N 个振子，每个振子的状态用 θ_i^α 表示，下角标表示振子标号，上角标表示所在层标号。

在一个拥有 M 层网络的多重网络中，同步动力学过程的状态演化方程如下：

$$\frac{\mathrm{d}\theta_i^\alpha(t)}{\mathrm{d}t} = \omega_i + \lambda_\alpha \sum_{j=1}^N a_{ij}^\alpha \sin(\theta_j^\alpha(t) - \theta_i^\alpha(t)) + \lambda_{\alpha\beta} \sin(\theta_i^\beta(t) - \theta_i^\alpha(t)) \tag{4-2}$$

其中，a_{ij}^α 为第 α 层的邻接矩阵中的元素，代表节点的连边情况：当 α 层中节点 i 和节点 j 相连时，$a_{ij}^\alpha=1$；当 α 层中节点 i 和节点 j 不相连时，$a_{ij}^\alpha=0$。式（4-2）形式的方程集合可以扩展为 $N\times M$ 维的空间。为了能更为清楚地分析出上述多重网络同步模型的特点，我们不失一般性地考虑一种只包含两层 $M=2$ 的最简单情况，如图 4-1 所示，不同层之间的连边情况相互独立，层与层之间的连边均为点到该点本身（如图中细虚线连边所示）。上边一层 α 层代表了拥有无标度特性的真实世界网络，下边一层 β 层代表了上层真实网络内潜在的社团化结构构成的网络，且相同颜色的节点属于同一个社团。由于我们主要研究 α 层上的同步过程和其他拥有社团化结构的层对 α 层同步的影响，因此我们称 α 层为基础层，作为本部分的主要研究目标。

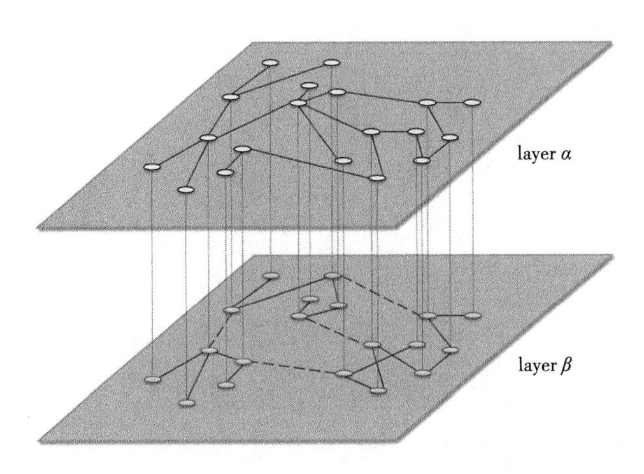

图 4-1　层数 $M=2$ 的多重网络示意图

4.3　多重网络中内在社团结构与层间关联对同步过程的影响

如前文所述，科学家们在现实世界的很多网络中都发现了社团化结构，社团结构的出现是复杂网络理论中特别值得强调的一个重要特点。尽管到目前为止还没有统一的规范的量化定义来解释具体什么是社团结构，我们仍可以采用较为宽松的定义：社团是满足对内连边多于对外连边的子图。在这种情况下，社团内部的节点紧密地编织在一起，而不同社团间的节点连接十分稀疏。因此，社团的混合部分可以被视为社团间的连边，如同图 4-1 中 β 层内粗虚线边所示。

在这里，我们采用 3.5 节中介绍的模型来生成 β 层的网络，该模型通过可调节混合部分进而建立社团化网络[118]，每个节点的连边中有（$1-\mu$）的比例连接其所在社团内部的节点，有μ比例的连边连接其所在社团外部的节点，原始混合参数的定义详见参考文献［118］，用来描述无标度网络上的混合部分，而3.5节中我们对混合参数的概念进行了拓展，采用混合参数$\mu \in (0.0, 5]$来描述有偏随机连边模社团化网络中混合部分的比例，该模型的具体步骤详见本书3.5节。虽然这是一个十分简单的模型，但它能揭示出社团化网络中混合部分的主要特征。图4-2（a）到（c）依次在左侧展示了在β层上有偏随机连边社团化网络，在右侧展示了对应的基础层上Barabasi-Albert（BA）网络的同步图。(a）和（b）中四个社团分别用左上、右上、左下、右下各四分之一节点表示（彩色图见文献［182］），每个社团的节点数均为$N=103$，平均度和层的耦合强度是固定值，$\langle k \rangle=6$，$\lambda_\beta=1$，而混合参数μ从上到下依次为0.05，0.15和0.5。图4-2每张子图中的垂直线表明了陡峭相变发生的临界点。

接下来，我们要描述混合参数μ以及层间关联强度λ_x如何影响到基础层上BA网络的同步过程。不失一般性，我们认为层与层之间的耦合强度是对称的，即$\lambda_{\alpha\beta}=\lambda_{\beta\alpha}$；我们用$\lambda_x$来代替$\lambda_{\alpha\beta}$，以强调同一节点在不同层之间交互的作用。

首先，我们关注μ对基础层上同步过程的影响效果。因为μ刻画了社团间起到桥梁作用的边的密度，因此我们可以通过对μ进行不同的赋值来调节社团间的混合部分。

我们采用欧拉法来计算序参数，从而监测目标网络节点的状态。对λ先给定 一个足够小的初值λ_{min}，满足系统此时未达到同步状态，然后从λ_{min}起，每步增加$\Delta\lambda=0.02$。在我们的例子中，我们简化了问题，设社团个数为$m=4$，社团规模$n_i=n_j$（i，$j \in \{1, 2, 3, 4\}$），这样每个社团都有相同的内部节点数目。图4-2展示了基础层上网络同步过程序参数的行为，三个子图分别对应$\mu=0.05$、$\mu=0.15$和$\mu=0.5$三种情况。

第3章已经介绍了，单层网络中小的或者弱的混合部分会加速社团化网络

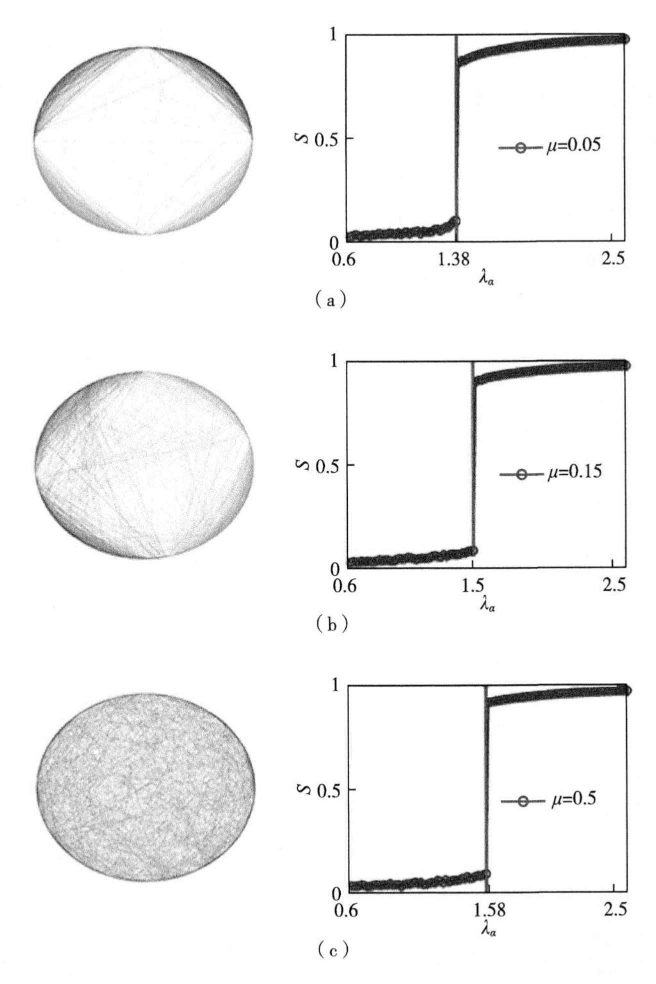

图 4-2 β 层上有偏随机连边社团化网络及对应的基础层上 BA 网络的同步图

的同步过程，本章我们在多重网络中也得到了相似的结论。从图 4-2 的数值模拟结果中我们发现了一个有趣的现象：在自然频率和节点度正相关的情况下，基础层在达到同步状态的过程中也会出现一个陡峭的爆炸性相变。当 μ 足够小时（例如 $\mu=0.05$，如图 4-2（a）所示），基础层在临界点 $\lambda=1.38$ 处出现达到同步状态（垂直线）的陡峭相变；当 $\mu=0.15$（如图 4-2（b）所示）时，基础层达到完全同步状态被减缓了，相变点推迟到 $\lambda=1.5$；随着 μ 的增加，β 层网络的社团化结构变得越来越不显著，当 $\mu=0.5$ 时，β 层已经变为一个类似随机连边的网络，社团和社团已经完全混合在一起，基础层也经历相对慢的同步过程，临界点推迟到 $\lambda=1.58$（如图 4-2（c）所示）。通过这种方式，我们知道了可以通过增大 β 层的混合部分来推迟基础层的同步过程。

为了换一角度阐明这个结论，图 4-3 展示了同步图，从中我们可以看到，不论其他参数如何变化，增大混合部分对多重网络同步均起到推迟作用。在图 4-3（a）中，我们展示了基础层上 $\mu=0.1$，$\mu=0.2$，$\mu=0.5$ 时的同步图 S vs λ_α，$(\lambda_\beta, \lambda_x)=(1, 0.1)$，图 4-3（b）和（c）展现了和图 4-3（a）中相同网络的同步图，但（b）中我们设定 $(\lambda_\beta, \lambda_x)=(3, 0.1)$，（c）中设定 $(\lambda_\beta, \lambda_x)=(1, 1)$。图 4-3 中均有 $N=103$ 且 S 通过 $\Delta\lambda=0.02$ 迭代运算得到。

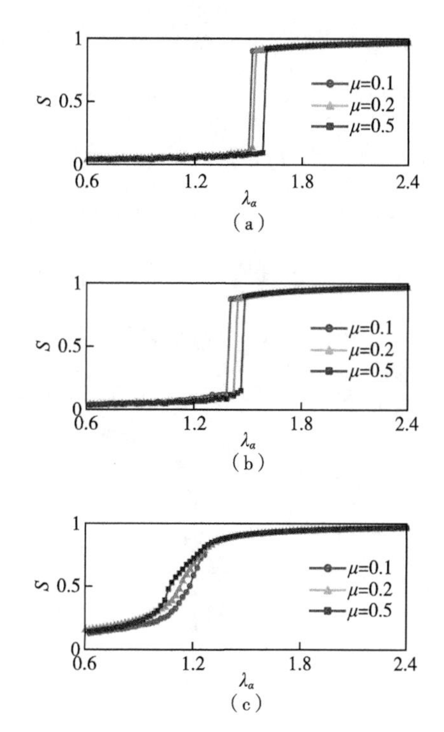

图 4-3　在不同 μ 和 $(\lambda_\beta, \lambda_x)$ 拥有不同赋值情况下的同步图 S vs λ_α

其次，我们关注层间关联强度参数 λ_x 在基础层的同步过程中的作用。图 4-3（c）中，我们展示了对应不同社团结构（β 层网络 μ 从 0.1 增大到 0.5）以及 $\lambda_x=1$ 时基础层网络的同步图。实验发现，混合参数 μ 的效果和

图 4-2 中一样，μ 的增大可以推迟基础层的全局同步。但是，与 $\lambda_x = 0.1$ 的图 4-3（a）不同，拥有较高层间关联强度 $\lambda_x = 1$ 的图 4-3（c）中的同步从爆炸性相变转变为了一个平缓的类似二阶的相变。这个重要的现象说明，较强的层间关联强度在阻止爆炸性同步出现的过程中起到了重要作用。

为了确认这一发现，我们对 λ_x 不同赋值更加细化地检查序参量 S 的连续图（见图 4-4）。图 4-4 展示了对应不同层间关联强度的基础层上网络的同步图，β 层为社团化网络（对应 $\mu = 0.1$），$\lambda_\beta = 1$，λ_x 分别为 0.1、0.3、0.5、0.7、1.0。在 λ_x 从 0.1 逐渐增加到 1 的过程中，拥有一个明显的相变过程。一个爆炸性的、陡峭的相变发生在 λ_x 很小时，例如 $\lambda_x = 0.1$（如图 4-4 中圆形点线所示）；随着 λ_x 的增大，状态的变化逐步趋于连续；当 $\lambda_x = 0.5$ 时，状态的变化处于一个过渡时期；直到 $\lambda_x = 1$，相变转化为一个平滑的变化（如图 4-4 中方形点线所示）。事实上，一个很小的层间关联强度对不同层之间的耦合过程的影响微乎其微，以至于每个层都可以被当作一个独立的离散层。在这种情况下，基础层上由于其网络无标度拓扑结构特性以及其节点度和自然频率间的正相关性，会展现出爆炸性同步[107]。当 λ_x 逐渐增大时，λ_x 会

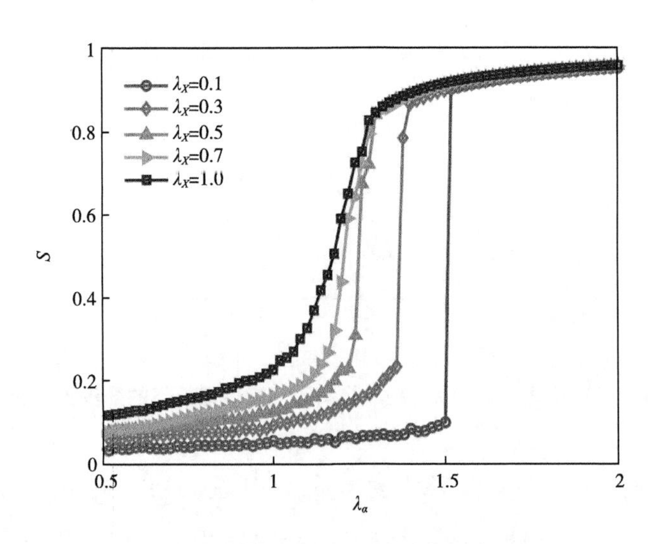

图 4-4　对应不同层间关联强度的同步图

增大层与层之间的耦合强度，这会使得每层变为一个拥有更多传播路径的复杂结构，并最终破坏基础层的无标度拓扑结构特性。因此，对于 λ_x 值较大的情况，状态的变化转变为一个典型的传统连续的同步过程。

根据上述讨论，我们得出结论：大的强的混合部分可以推迟基础层上网络同步过程的相变点；基础层的爆炸性同步可以通过削弱层间关联强度进而诱导得出。

接下来我们关注另一个可能影响多层网络同步的参数 λ_β。通过比较图 4-3（a）和（b），我们注意到每条相同形状的线在将 λ_β 取值从 1 增大到 3 的过程中都被加快了。图 4-5 展示了在多重 Kuramoto 振子网络中，$\lambda_\beta=1$ 和 3 时，表示状态一致性程度的序参数 S 的情况，每层网络含有 103 个节点，结构与图 4-1 保持一致，（λ_x，μ）的三组取值如图中所列。从图 4-5 中我们还可以看到，不论 μ 和 λ_x 的值怎样变化，基础层上网络的同步过程在较大 λ_β 值（$\lambda_\beta=3$）时都要快于其在较小 λ_β 值（$\lambda_\beta=1$）时。这个模拟结果揭示了增大外部层的耦合强度对基础层同步过程起到的促进效果。

现在，我们在一般情况下来证明这个论断。图 4-6 中，我们绘制了在不同层间关联程度以及 $\lambda_x=0.1$、1 的情况下的序参数 S_α，图中左侧的 S_α 值低于 0.3，右则的 S_α 值高于 0.8（彩色图见文献［182］），各层节点个数为 $N=200$，混合参数锁定为 $\mu=0.1$，λ_x 设定为不同的值，左右分别对应 $\lambda_x=0.1$ 和 $\lambda_x=1$，网格规模为 150×150，其上每一点的数值模拟结果均经过 $t=104$ 并且 10 次平均后得到。从图 4-6 中我们能够看到，输出的图像显示出单调趋势，但是变化速度较慢并且变化范围有限。在以往对同步过程的研究中，耦合强度对促进振子达到同步状态有着强大的作用，我们这里的结果说明外部层的耦合强度对基础层有着不平凡的有限促进作用，图 4-6 的模拟结果也再一次印证了 λ_x 在爆炸性同步出现过程中的重要作用。

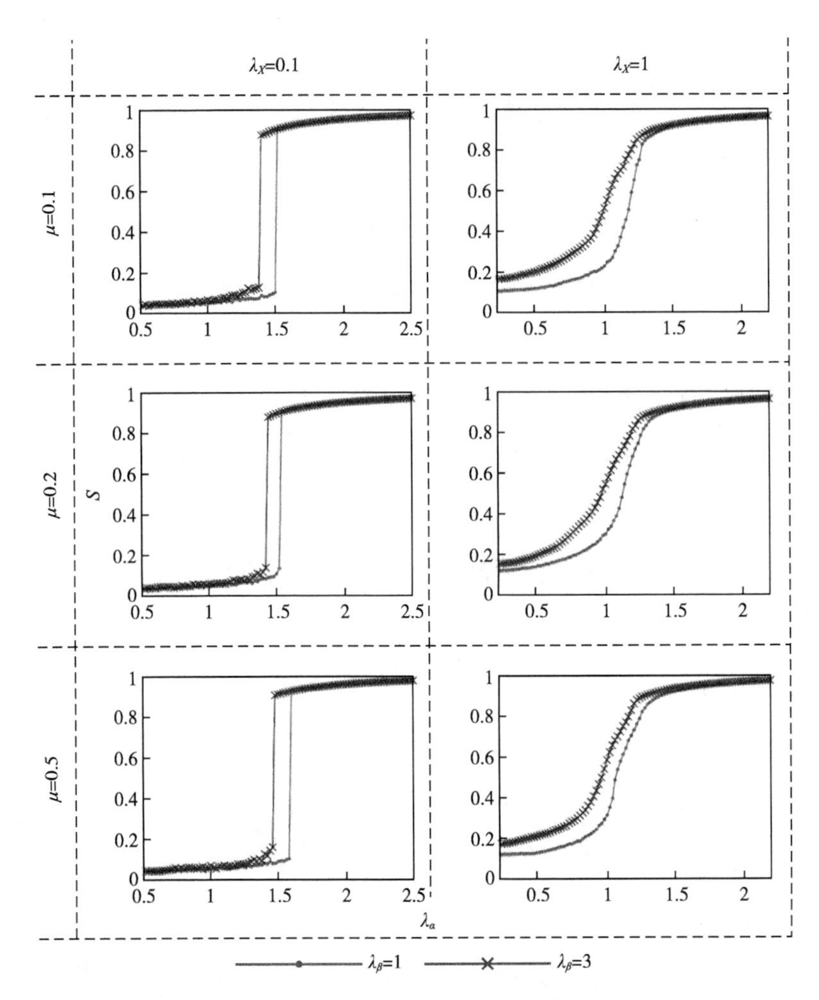

图 4-5　λ_β 不同赋值时序参数 S 的数值模拟结果

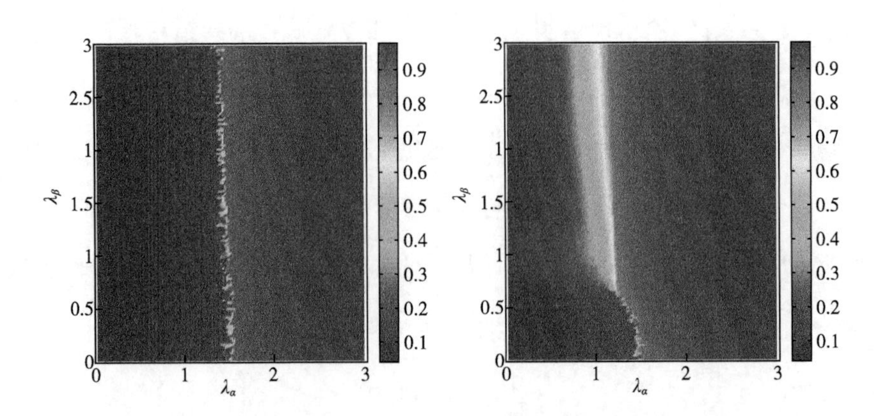

图 4-6　基础层的序参数 $S_\alpha(t)$ 随各层耦合强度的变化

4.4　总结和讨论

本章从多重网络的角度研究探索了同步现象。我们提出了一个改进的多层Kuramoto模型，并将层数 $M=2$ 的特殊情况作为研究对象，其中，节点分布于各层网络中，两层上的网络分别由无标度网络和具有社团化结构的网络构成。数值模拟的结果指出，外部层的混合部分对我们研究的目标基本层上振子的同步过程产生了重要影响，相比于我们之前在单层网络同步过程研究上获得的结论，本结果成功拓展到了多重网络的情况并且得到了相似的结论，即增大混合部分会推迟同步的状态转变临界点。另外，与混合部分的作用相反，尽管只起到很小范围的作用，但是外部层的耦合强度在同步过程中还是起到了对同步的促进作用，特别地，当层间关联强度很小时会出现爆炸性同步的现象；而当层间关联强度增大时，爆炸性现象逐渐消失。这个发现指出，层间关联强度不仅可以被视为爆炸性现象的特征参数，还可以为相变中骤变情况提供一种测量途径。根据对我们建立的模型中参数的分析，我们有理由说明这些结果构成了对外部性对特定层的同步过程影响的第一步研究，这些首创性研究对多重网络同步过程研究奠定了一定的基础。

5 结论与展望

5.1 结论

复杂网络拓扑结构与动力学行为分析是当代复杂系统科学的研究热点。复杂网络的结构是如何自然形成的，又是如何影响网络多种多样的功能特性和动力学行为的，以及如何通过对网络结构和功能特性的深入了解掌握来更好地优化现实网络运行机制，这些都是复杂网络领域内学者们研究的重点。本书重点研究了社团结构这一现实网络的突出特性对同步过程这一经典非线性耦合动力学行为的作用和影响。首先，本书首次从网络社团结构出发研究了“爆炸性”同步过程，探索了社团结构对“爆炸性”同步产生的内在影响；其次，本书以具有现实意义的多重网络为框架，通过定义结构外部性，研究了结构外部性尤其是社团性在多重网络同步过程中起到的作用。这些结果不仅可以对复杂网络社团结构和同步过程以及信息传播的研究成果进行补充，也可以为非线性复杂系统结构功能特性及动力学分析提供直接思路和借鉴。

本书的学术思路如下：符合客观和自然规律的复杂网络应该具有局部无序性和全局有序性的特征，是二者的结合体。本书以介于宏观和微观之间的网络社团结构这一概念为切入点，考虑到完全无序的网络振子在同步耦合过程中会向全局有序性转变，重点研究了非线性动力学行为的代表，即网络同步过程。首先，对网络社团结构的相关知识进行总结介绍，并详细阐述了我们在网络社团成因探究方面的研究成果。其次，鉴于本书研究的出发点为网络介观结构，因此我们从单层和多层网络的不同方面入手，着重探讨了网络介观结构尤其是社团结构对同步动力学过程的影响。具体来说，单层网络上主要针对社团结构对同步尤其是爆炸性同步相变阈值的影响进行研究；而在多重网络中，我们令每层网络代表了不同的现实意义，研究了网络节点的聚类关系以及不同环境间的关联强度等对同步状态耦合结果的影响。

本书综合了现代图论、计算机科学、统计力学以及随机分析等前沿学科知识，通过大量数值模拟和系统仿真实验，围绕网络结构与非线性耦合动力学过程这一议题，在网络社团性结构与同步过程的分析方面主要取得以下研究成果：

5.1.1 网络社团结构预测机制的研究

在之前的著作中，我们借助网络潜在度量空间的一维圆环模型构建社团结构成因的探测机制，取得了一定的研究成果。但是考虑到模型可以进一步优化且之前的机制计算速度太慢，在本书中，我们将社团成因探测机制应用在双曲空间模型上，并借助了平面最大过滤图法对潜在空间中的全连接网络进行稀疏化，起到减少计算时间和降低算法复杂度的作用。实验结果显示，在双曲空间模型上，平面最大过滤图法虽然舍掉了节点的很多潜在信息，但是在大规模稀疏化之后的潜在网络上进行我们探测机制的数值模拟，同样可以得到很好的预测效果，进一步说明了复杂的网络大数据中确实蕴含着内嵌的数理机制，通过对潜在数理机制的挖掘可以更好地分析现实网络的众多特性。

5.1.2 网络社团结构特性对单层网络上同步动力学过程影响的分析

本书首次在单层网络上将网络介观结构与爆炸性同步结合在一起进行研究。我们采用了节点度和自然频率具有正相关关系的改进的 Kuramoto 模型研究了网络非线性同步现象，通过构建无标度和类随机的社团化网络，我们发现在两种网络上网络的混合部分对 Kuramoto 振子的网络同步过程起了重要作用。稀疏的混合部分使得每个社团聚类结构相对独立，因此对局部社团结构内部的同步几乎起不到影响，但是其内部达到同步状态的阈值提前了。还有不同于直观认识的结果被发现，在我们的模型中稀疏的混合部分反而能促进同步状态的达到，而稠密的混合部分则可以推迟同步过程的相变点。值得强调的是，我们首次发现了“台阶式”爆炸性同步这一新现象，并通过理论推导得到了两个相变点的表达式，从而从理论层面解释了相变阈值的影响因素。

5.1.3 网络社团结构特性对多层网络上同步动力学过程影响的分析

本书首次将网络社团结构引入多重网络同步过程的研究。为了从多重网络的角度展开对同步动力学的研究，我们提出了一个改进的多层 Kuramoto 模型，并将层数 $M=2$ 的特殊情况作为研究对象，以方便分析。多重网络中各层节点完全一致，只是不同层上的节点具有各自独立的连接关系，也正因为此，多重网络才更适合用来描述现实社会人们在不同领域、空间中拥有不同圈子和职能的特点。在我们的简化模型中，两层上的网络分别由符合众多现实网络结构特征的无标度网络和代表不同社会属性和关系形成的社团化网络构成。通过针对目标层的外部性结构定义，研究结果发现外部性各部分对目标层上振子的同步过程都起到了重要影响。其中，增大混合部分会推迟同步的状态转变临界点的结论与单层网络所获结论相呼应；增大外部层的耦合强度在同步过程中起到了对同步的促进作用；爆炸性同步现象会随着层间关联强度变小而趋于明显，随着其增大而逐渐消失。

5.2 展望

近十年来，关于复杂网络方面的研究已经发展到了很深入的层次，对于网络宏观层面的各种统计特征（如无标度、小世界等）的研究已十分成熟，相关概念已经十分完备，领域内研究的前沿问题已逐渐转向了社团结构等局部介观尺度结构和性质的研究。本书中的网络社团化结构就是网络介观结构的典型代表。目前对于网络模社团结构的研究进展很快，从最初的描述和尝试性定义[36]到聚类划分算法从传统方法[198]转向效率的优化[48,199,200]，网络社团结构的研究也呈现出两大趋势：一方面，网络社团化结构在理论分析层面所使用的方法在不断扩展，包括随机分析[201]、谱分析[202]等；另一方面，社团性结构对网络上发生的动力学行为的影响也越来越被学者们所关注[203]，本书讨论的社团性对同步过程的影响就是这方面的工作，并且具体阐述了同步过程随耦合强度的相变阈值如何受到社团性结构强弱影响。而同步过程本身也是非线性动力学研究的热点。关于同步现象的研究虽然开始得早，但早期研究多集中于网格等简单结构，而目前很多致力于理解自然界系统中同步现象的学者都开始利用新兴的复杂网络理论工具[162]。当振子聚集并且相互作用于一个复杂网络拓扑结构时，学者们可以更加方便地利用如 Kuramoto 模型等方法分析复杂的同步现象，探索来自内在根本性连接模式的结构和功能间的主要特点[98]。

复杂网络源自对现实世界刻画的需求，也更应该服务应用于现实世界。目前的成熟应用多基于计算机和电子等学科领域的研究成果，而复杂网络相关知识还只能停留于描述性和理论模型分析的层面。作为一门新兴的理论，复杂网络还应不断完善，在交通网络、社交信息传输以及舆情控制等方面都应起到越来越重要的作用。

在具体研究内容上，从网络结构角度，社团化结构仍是笔者的关注焦点，主要涉及社团边界的功能研究以及诸如量子方法等新的社团划分新算法；从网络动力学角度，同步过程和基于 Kuramoto 演化而来的非线性耦合过程以及在线信息传输与推荐系统也是笔者未来的关注重点。

参考文献

[1] EULER L. Solutio problematis ad geometriam situs pertinentis [J]. Commentarii academiae scientiarum petropolitanae, 1741, 8: 128-140.

[2] WATTS D J, STROGATZ S H. Collective dynamics of 'small - world' networks [J]. Nature, 1998, 393 (6684): 440-442.

[3] BARABASI A L, ALBERT R. Emergence of scaling in random networks [J]. Science, 1999, 286 (5439): 509-512.

[4] MA L L, JIANG X, WU K Y, et al. Surveying network community structure in the hidden metric space [J]. Physica A: statistical mechanics and its applications, 2012, 391 (1-2): 371-378.

[5] LI M, JIANG X, MA Y F, et al. Effect of mixing parts of modular networks on explosive synchronization [J]. Europhysics letters, 2013, 105 (5): 58002.

[6] GUO Q, JIANG X, LEI Y, et al. Twostage effects of awareness cascade on epidemic spreading in multiplex networks [J]. Physical review E, 2015, 91 (1): 012822.

[7] STROGATZ S H. Exploring complex networks [J]. Nature (London), 2001, 410 (2): 268- 276.

[8] ALBERT R, BARABASI A L. Statistical mechanics of complex networks [J]. Reviews of modern physics, 2002, 74 (1): 47.

[9] DOROGOVTSEV S N, MENDES J F F. Evolution of networks [J]. Advances in physics, 2002, 51 (4): 1079-1187.

[10] NEWMAN M E J. The structure and function of complex networks [J]. SIAM review, 2003, 45 (2): 167-256.

[11] WATTS D J. Small worlds: the dynamics of networks between order and randomness [M]. Princeton, NJ: Princeton University Press, 1999.

[12] BORNHOLDT S, SCHUSTER H G. Handbook of graphs and networks: from the genome to the Internet [M]. Berlin: Wiley-Vch, 2003.

[13] DOROGOVTSEV S N, MENDES J F F. Evolution of networks: From biological nets to the Internet and WWW [M]. Oxford: Oxford University Press, 2003.

[14] PASTOR-SATORRAS R, VESPIGNANI A. Evolution and structure of the Internet: a statistical physics approach [M]. Cambridge, Eng.: Cambridge University Press, 2004.

[15] PASTOR-SATORRAS R, RUBI M, DIAZ-GUILERA A. Statistical mechanics of complex networks [M]. Berlin: Springer, 2003.

[16] BEN-NAIM E, FRAUENFELDER H, TOROCZKAI Z. Complex networks [M]. Berlin: Springer Science and Business Media, 2004.

[17] BUCHANAN M. Nexus: small worlds and the groundbreaking science of networks [M]. New York: Norton, 2002.

[18] BARABASI A L, FRANGOS J. Linked: the new science of networks science of networks [M]. Cambridge: Perseus, 2014.

[19] WATTS D J. Six degrees: the science of a connected age [M]. New York: Norton, 2003.

[20] BOLLOBAS B. Random graphs [M]. London: Academic Press, 1985.

[21] BOLLOBAS B. Modern graph theory, graduate texts in mathematics [M]. New York: Springer, 1998.

[22] WEST D B. Introduction to graph theory [M]. Englewood Cliffs, NJ: Prentice-Hall, 1995.

[23] HARARY F. Graph theory [M]. Cambridge, MA: Perseus, 1995.

[24] WASSERMAN S, FAUST K. Social networks analysis [M]. Cambridge, Eng.: Cambridge University Press, 1994.

[25] SCOTT J. Social network analysis: a handbook [M]. 2nd ed. London: SAGE Publications, 2000.

[26] CORMEN T H, LEISERSON C E, RIVEST R L. et al. Introduction to algorithms [M]. Cambridge, MA: MIT Press, 2001.

[27] SEDGEWICK R. Algorithms in C++. part 5: graph algorithms [M]. Boston MA: Addison-Wesley, 1988.

[28] AHUJA R K, MAGNATI T L, ORLIN J B. Network flows: theory, algorithms, and applications [M]. Englewood Cliffs, NJ: Prentice-Hall, 1993.

[29] BOCCALETTI S, LATORA V, MORENO Y, et al. Complex networks: structure and dynamics [J]. Physics reports, 2006, 424 (4): 175-308.

[30] BARRAT A, BARTHELEMY M, VESPIGNANI A. Dynamical processes on complex networks [M]. Cambridge, Eng.: Cambridge University Press, 2008.

[31] ERDOS P, RENYI A. On random graphs [J]. Publicationes mathematicae debrecen, 1959, 6: 290-297.

[32] VESPIGNANI A, CALDARELLI G. Large scale structure and dynamics of complex networks: from information technology to finance and natural science [M]. Singapore: World Scientific, 2007.

[33] SCHAEFFER S E. Graph clustering [J]. Computer science review, 2007, 1 (1): 27-64.

[34] FORTUNATO S, CASTELLANO C. Computational complexity [M]. New York: Springer, 2012.

[35] PORTER M A, ONNELA J P, MUCHA P J. Communities in networks [J]. Notices of the AMS, 2009, 56 (9): 1082-1097.

[36] GIRVAN M, NEWMAN M E J. Community structure in social and biological networks [C]. Proceedings of the National Academy of Sciences of the United States of America, 2002, 99 (12): 7821-7826.

[37] NEWMAN M E J. Detecting community structure in networks [J]. The european physical journal B-condensed matter and complex systems, 2004, 38 (2): 321-330.

[38] COLEMAN J S. Introduction to mathematical sociology [M]. London: London Free Press Glencoe, 1964.

[39] FREEMAN L. The development of social network analysis [J]. A study in the sociology of science, book surge publishing, 2004, 1 (687): 159-167.

[40] MOODY J, WHITE D R. Structural cohesion and embeddedness: a hierarchical concept of social groups [J]. American sociological review, 2003, 68 (1): 103-127.

[41] KOTTAK C P. Cultural anthropology: appreciating cultural diversity [M]. New York: McGraw-Hill, 2011.

[42] RIVES A W, GALITSKI T. Modular organization of cellular networks [C]. Proceedings of the National Academy of Sciences of the United States of America, 2003, 100 (3): 1128-1133.

[43] SPIRIN V, MIRNY L A. Protein complexes and functional modules in molecular networks [C]. Proceedings of the National Academy of Sciences of the United States of America, 2003, 100 (21): 12123-12128.

[44] CHEN J, YUAN B. Detecting functional modules in the yeast protein-protein interaction network [J]. Bioinformatics, 2006, 22 (18): 2283-2290.

[45] DOURISBOURE Y, GERACI F, PELLEGRINI M. Extraction and classification of dense communities in the web [C]. Proceedings of the 16th international conference on World Wide Web, 2007: 461-470.

[46] FLAKE G W, LAWRENCE S, GILES C L, et al. Self-organization and identification of web communities [J]. IEEE computer, 2002, 35 (3): 66-71.

[47] GUIMERA R, AMARAL L A N. Functional cartography of complex metabolic networks [J]. Nature (London), 2005, 433 (7028): 895-900.

[48] PALLA G, DERENYI I, FARKAS I, et al. Uncovering the overlapping community structure of complex networks in nature and society [J]. Nature (London), 2005, 435 (7043): 814-818.

[49] KRISHNAMURTHY B, WANG J. On network - aware clustering of web clients [J]. ACM SIGCOMM computer communication review, 2000, 30 (4): 97-110.

[50] REDDY P K, KITSUREGAWA M, SREEKANTH P, et al. A graph based approach to extract a neighborhood customer community for collaborative filtering [M]. Databases in Networked Information Systems, Springer Berlin Heidelberg, 2002.

[51] AGRAWAL R, JAGADISH H V. Algorithms for searching massive graphs [J]. Knowledge and data engineering, IEEE transactions on, 1994, 6 (2): 225-238.

[52] WU A Y, GARLAND M, HAN J. Mining scale-free networks using geodesic clustering [C]. Proceedingsof The 10th ACM SIGKDD international conference on Knowledge discovery and data mining, 2004: 719-724.

[53] PERKINS C E. Ad hoc networking [M]. Addison-Wesley Professional, 2008.

[54] STEENSTRUP M. Cluster-based networks [M]. Addison Wesley, Reading, 2001.

[55] VANNUCCHI F S, BOCCALETTI S. Chaotic spreading of epidemics in complex networks of excitable units [J]. Mathematical biosciences and engineering: MBE, 2004, 1 (1): 49-55.

[56] HANSEL D, SOMPOLINSKY H. Synchronization and computation in a chaotic neural network [J]. Physical review letters, 1992, 68 (5): 718.

[57] PASEMANN F. Synchronized chaos and other coherent states for two coupled neurons [J]. Physica D: nonlinear phenomena, 1999, 128 (2): 236-249.

[58] WINFUL H G, RAHMAN L. Synchronized chaos and spatiotemporal chaos in arrays of coupled lasers [J]. Physical review letters, 1990, 65 (13): 1575.

[59] LI R, ERNEUX T. Stability conditions for coupled lasers: series coupling versus parallel coupling [J]. Optics communications, 1993, 99 (3): 196-200.

[60] LI R, ERNEUX T. Bifurcation to standing and traveling waves in large arrays of coupled lasers [J]. Physical review A, 1994, 49 (2): 1301.

[61] OTSUKA K, KAWAI R, HWONG S L, et al. Synchronization of mutually coupled self-mixing modulated lasers [J]. Physical review letters, 2000, 84 (14): 3049.

[62] JANKOWSKI S, LONDEI A, MAZUR C, et al. Synchronization and association in a large network of coupled Chua's circuits [J]. International journal of electronics, 1995, 79 (6): 823-828.

[63] FILATRELLA G, STRAUGHN B, BARBARA P. Emission of radiation from square arrays of stacked Josephson junctions [J]. Journal of applied physics, 2001, 90 (11): 5675-5679.

[64] HUGENII C, OSCILATORIUM H, MUQUET A F P. English translation: the pendulum clock [M]. Ames: Iowa State University Press, 1986.

[65] BOCCALETTI S, KURTHS J, OSIPOV G, et al. The synchronization of chaotic systems [J]. Physics reports, 2002, 366 (1): 1-101.

[66] FUJISAKA H, YAMADA T. Stability theory of synchronized motion in coupledoscillator systems [J]. Progress of theoretical physics, 1983, 69 (1): 32-47.

[67] AFRAIMOVICH V S, VERICHEV N N, RABINOVICH M I. Stochastic synchronization of oscillation in dissipative systems [J]. Radiophysics and quantum electronics, 1986, 29 (9): 795-803.

[68] PECORA L M, CARROLL T L. Synchronization in chaotic systems [J]. Physical review letters, 1990, 64 (8): 821.

[69] ROSENBLUM M G, PIKOVSKY A S, KURTHS J. Phase synchronization of chaotic oscillators [J]. Physical review letters, 1996, 76 (11): 1804.

[70] ROSA E, Jr, OTT E, HESS M H. Transition to phase synchronization of chaos [J]. Physical review letters, 1998, 80 (8): 1642.

[71] ROSENBLUM M G, PIKOVSKY A S, KURTHS J. From phase to lag synchronization in coupled chaotic oscillators [J]. Physical review letters, 1997, 78 (22): 4193.

[72] RULKOV N F, SUSHCHIK M M, TSIMRING L S, et al. Generalized synchronization of chaos in directionally coupled chaotic systems [J]. Physical review e statistical nonlinear and soft matter physics, 1995, 51 (2): 980.

[73] KOCAREV L, PARLITZ U. Generalized synchronization, predictability, and equivalence of unidirectionally coupled dynamical systems [J]. Physical review letters, 1996, 76 (11): 1816.

[74] BOCCALETTI S, VALLADARES D L. Characterization of intermittent lag synchronization [J]. Physical review e statistical nonlinear and soft matter physics, 2000, 62 (5): 7497.

[75] ZAKS M A, PARK E H, ROSENBLUM M G, et al. Alternating locking ratios in imperfect phase synchronization [J]. Physical review letters, 1999, 82 (21): 4228.

[76] FEMAT R, SOLIS - PERALES G. On the chaos synchronization phenomena [J]. Physics letters A, 1999, 262 (1): 50-60.

[77] ZANETTE D H. Dynamics of globally coupled bistable elements [J]. Physical review e statistical nonlinear and soft matter physics, 1997, 55 (5): 5315.

[78] BOCCALETTI S, BRAGARD J, ARECCHI F T, et al. Synchronization in nonidentical extended systems [J]. Physical review letters, 1999, 83 (3): 536.

[79] CHATE H, PIKOVSKY A, RUDZICK O. Forcing oscillatory media: phase kinks vs. synchronization [J]. Physica D: nonlinear phenomena, 1999, 131 (1): 17-30.

[80] BOCCALETTI S, VALLADARES D L, KURTHS J, et al. Synchronization of chaotic structurally nonequivalent systems [J]. Physical review E, 2000, 61 (4): 3712.

[81] SCHAFER C, ROSENBLUM M G, KURTHS J, et al. Heartbeat synchronized with ventilation [J]. Nature (London), 1998, 392: 239-240.

[82] MAZA D, VALLONE A, MANCINI H, et al. Experimental phase synchronization of a chaotic convective flow [J]. Physical review letters, 2000, 85 (26): 5567.

[83] HALL G M, BAHAR S, GAUTHIER D J. Prevalence of rate-dependent behaviors in cardiac muscle [J]. Physical review letters, 1999, 82 (14): 2995.

[84] TICOS C M, ROSA E, Jr, PARDO W B, et al. Experimental real - time phase synchronization of a paced chaotic plasma discharge [J]. Physical review letters, 2000, 85 (14): 2929.

[85] ALLARIA E, ARECCHI F T, DI GARBO A, et al. Synchronization of homoclinic chaos [J]. Physical review letters, 2001, 86 (5): 791.

[86] DESHAZER D J, BREBAN R, OTT E, et al. Detecting phase synchronization in a chaotic laser array [J]. Physical review letters, 2001, 87 (4): 044101.

[87] BARRETO E, SO P, GLUCKMAN B J, et al. From generalized synchrony to topological decoherence: Emergent sets in coupled chaotic systems [J]. Physical review letters, 2000, 84 (8): 1689.

[88] BARRETO E, SO P. Mechanisms for the development of unstable dimension variability and the breakdown of shadowing in coupled chaotic systems [J]. Physical review letters, 2000, 85 (12): 2490.

[89] BOCCALETTI S, PECORA L M, PELAEZ A. Unifying framework for synchronization of coupled dynamical systems [J]. Physical review E, 2001, 63 (6): 066219.

[90] NISHIKAWA T, MOTTER A E, LAI Y C, et al. Heterogeneity in oscillator networks: are smaller worlds easier to synchronize? [J]. Physical review letters, 2003, 91 (1): 014101.

[91] LAGO-FERNANDEZ L F, HUERTA R, CORBACHO F, et al. Fast response and temporal coherent oscillations in small-world networks [J]. Physical review letters, 2000, 84 (12): 2758.

[92] GADE P M, HU C K. Synchronous chaos in coupled map lattices with small-world interactions [J]. Physical review E, 2000, 62 (5): 6409.

[93] JOST J, JOY M P. Evolving networks with distance preferences [J]. Physical review E, 2002, 66 (3): 036126.

[94] HONG H, CHOI M Y, KIM B J. Synchronization on small-world networks [J]. Physical review E, 2002, 65 (2): 026139.

[95] KWON O, MOON H T. Coherence resonance in small-world networks of excitable cells [J]. Physics letters A, 2002, 298 (5): 319-324.

[96] VEGA Y M, VAZQUEZ-PRADA M, PACHECO A F. Fitness for synchronization of network motifs [J]. Physica A: statistical mechanics and its applications, 2004, 343: 279-287.

[97] MORENO Y, PACHECO A F. Synchronization of Kuramoto oscillators in scale-free networks [J]. Europhysics letters, 2004, 68 (4): 603.

[98] PRIGNANO L, DIAZ-GUILERA A. Extracting topological features from dynamical measures in networks of Kuramoto oscillators [J]. Physical review E, 2012, 85 (3): 036112.

[99] STOUT J, WHITEWAY M, OTT E, et al. Local synchronization in complex networks of coupled oscillators [J]. Chaos: an interdisciplinary journal of nonlinear science, 2011, 21 (2): 025109.

[100] GRABOW C, HILL S M, GROSSKINSKY S, et al. Do small worlds synchronize

fastest? [J]. Europhysics letters, 2010, 90 (4): 48002.

[101] GOMEZ-GARDENES J, GOMEZ S, ARENAS A, et al. Explosive synchronization transitions in scale-free networks [J]. Physical review letters, 2011, 106 (12): 128701.

[102] PASTOR-SATORRAS R, VÀZQUEZ A, VESPIGNANI A. Topology, hierarchy, and correlations in Internet graphs [J]. Lecture notes in physics, 2004, 650: 425-440.

[103] VAHDAT A, FARES M A, FARRINGTON N, et al. Scale-out networking in the data center [J]. IEEE micro, 2010, 30 (4): 29-41.

[104] DANON L, DUCH J, GUILERA A D, et al. Comparing community structure identification [J]. Journal of statistical mechanics: theory and experiment, 2005, 29 (9): 09008.

[105] COLIZZA V, FLAMMINI A, SERRANO M A, et al. Detecting rich-club ordering in complex networks [J]. Nature physics, 2006, 2 (2): 110-115.

[106] NEWMAN M E J, LEICHT E A. Mixture models and exploratory analysis in networks [C]. Proceedings of the National Academy of Sciences of the United States of America, 2007, 104 (23): 9564-9569.

[107] WILKINSON D M, HUBERMAN B A. A method for finding communities of related genes [C]. Proceedings of the National Academy of Sciences of the United States of America, 2004, 101 (1): 5241-5248.

[108] ZHOU H, LIPOWSKY R. Network brownian motion: a new method to measure vertex-vertex proximity and to identify communities and subcommunities [J]. Lecture notes in computer science, 2004, 3038: 1062-1069.

[109] NEWMAN M E J. Fast algorithm for detecting community structure in networks [J]. Physical review E, 2004, 69 (6): 066133.

[110] KERNIGHAN B W, LIN S. An efficient heuristic procedure for partitioning graphs [J]. Bell system technical journal, 1970, 49 (2): 291-307.

[111] NEWMAN M E J, GIRVAN M. Finding and evaluating community structure in networks [J]. Physical review E, 2004, 69 (2): 026113.

[112] RADICCHI F, CASTELLANO C, CECCONI F, et al. Defining and identifying communities in networks [C]. Proceedings of the National Academy of Science of the United States

of America, 2004, 101 (9): 2658–2663.

[113] ZHANG Z L, JIANG X, MA L L, et al. Detecting communities in clustered networks based on group action [J]. Physica A: statistical mechanics and its applications, 2011, 390 (6): 1171–1181.

[114] NEWMAN M E J. Modularity and community structure in networks [C]. Proceedings of the National Academy of Sciences of the United States of America, 2006, 103 (23): 8577–8582.

[115] BRANDES U, DELLING D, GAERTLER M, et al. On modularity clustering [J]. IEEE transactions on knowledge and data engineering, 2008, 20 (2): 172–188.

[116] GOOD B H, MONTJOYE Y A, CLAUSET A. Performance of modularity maximization in practical contexts [J]. Physical review E, 2010, 81 (4): 046106.

[117] CAFIERI S, HANSEN P, LIBERTI L. Loops and multiple edges in modularity maximization of networks [J]. Physical review E, 2010, 81 (4): 046102.

[118] LANCICHINETTI A, FORTUNATO S, RADICCHI F. Benchmark graphs for testing community detection algorithms [J]. Physical review E, 2008, 78 (4): 046110.

[119] FORTUNATO S, BARTHÈLEMY M. Resolution limit in community detection [C]. Proceedings of the National Academy of Sciences of the United States of America, 2007, 104 (1): 36–41.

[120] LANCICHINETTI A, FORTUNATO S, KERTÈSZ J. Detecting the overlapping and hierarchical community structure in complex networks [J]. New journal of physics, 2009, 11 (3): 033015.

[121] ZHAO Z Y, YU H, ZHU Z L, et al. Identifying influential spreaders based on network community structure [J]. Chinese journal of computers, 2014, 37 (4): 753–766.

[122] BOGUÑÀ M, KRIOUKOV D. Navigating ultrasmall worlds in ultrashort time [J]. Physical review letters, 2009, 102 (5): 058701.

[123] MILGRAM S. The small world problem [J]. Psychology today, 1967, 2 (1): 60–67.

[124] EROLA P, GÒMEZ S, ARENAS A. Structural navigability on complex networks

[J]. International journal of complex systems in science, 2011, 1 (1): 37-41.

[125] MENCZER F. Growing and navigating the small world web by local content [C]. Proceedings of the National Academy of Sciences of the United States of America, 2002, 99 (22): 14014-14019.

[126] FRAIGNIAUD P, GAVOILLE C, PAUL C. Eclecticism shrinks even small worlds [J]. Distributed computing, 2006, 18 (4): 279-291.

[127] FRAIGNIAUD P, LEBHAR E, LOTKER Z. A doubling dimension threshold theta (loglog n) for augmented graph navigability [J]. Lecture notes in computer science, 2006, 4168: 376-386.

[128] KLEINBERG J. Navigation in a small world [J]. Nature, 2000, 406 (6798): 845.

[129] KLEINBERG J. The small - world phenomenon: an algorithm perspective [C]. Proceedings of the thirty - second annual ACM symposium on theory of computing, 2000: 163-170.

[130] KLEINBERG J. Small - world phenomena and the dynamics of information [C]. Proceedings of advances in neural information processing systems, 2001: 431-438.

[131] BOGUÑÀ M, KRIOUKOV D, CLAFFY K C. Navigability of complex networks [J]. Nature physics, 2008, 5 (1): 74-80.

[132] KRIOUKOV D, PAPADOPOULOS F, VAHDAT A, et al. Curvature and temperature of complex networks [J]. Physical review E, 2009, 80 (3): 03510.

[133] SERRANO M A, KRIOUKOV D, BOGUÑÀ M. Self - similarity of complex networks and hidden metric spaces [J]. Physical review letters, 2008, 100 (7): 078701.

[134] BIANCONI G, RAHMEDE C. Emergent hyperbolic network geometry [J]. Scientific reports, 2017, 7 (1): 41974.

[135] MUSCOLONI A, THOMAS J M, CIUCCI S, et al. Machine learning meets complex networks via coalescent embedding in the hyperbolic space [J]. Nature communications, 2017, 8 (1): 1615.

[136] CANNISTRACI C V, ALANIS-LOBATO G, RAVASI T. From link-prediction in brain connectomes and protein interactomes to the local-community-paradigm in complex networks

[J]. Scientific reports, 2013, 3 (1): 1613.

[137] CHEPOI V, DRAGAN F F, VAXES Y. Core congestion is inherent in hyperbolic networks [C]. Proceedings of the Twenty-Eighth Annual ACM-SIAM Symposium on Discrete Algorithms, 2017: 2264-2279.

[138] JONCKHEERE E, LOU M, BONAHON F, et al. Euclidean versus hyperbolic congestion in idealized versus experimental networks [J]. Internet mathematics, 2011, 7 (1): 1-27.

[139] MUSCOLONI A, MICHIELI U, CANNISTRACI C V. Local-ring network automata and the impact of hyperbolic geometry in complex network link-prediction [J]. 2017, arXiv preprint arXiv: 1707.09496.

[140] HIMPE C, OHLBERGER M. Model reduction for complex hyperbolic networks [C]. Proceedings of the 2014 European Control Conference, 2014: 2739-2743.

[141] MA L L. Studying node centrality based on the hidden hyperbolic metric space of complex networks [J]. Physica A: statistical mechanics and its applications, 2019, 514: 426-434.

[142] MA L L. Purposeful random attacks on networks—forecasting node ranking not based on network structure [J]. Acta physica polonica B, 2019, 50 (5): 943-960.

[143] CLAUSET A, NEWMAN M E J, MOORE C. Finding community structure in very large networks [J]. Physical review E, 2004, 70: 066111.

[144] LI Z P, ZHANG S H, WANG R S, et al. Quantative function for community detection [J]. Physical review E, 2008, 77 (3): 036109.

[145] 汪小帆，李翔，陈关荣. 复杂网络理论与其应用 [M]. 北京：清华大学出版社，2006.

[146] FREEMAN L C. A set of measures of centrality based onbetweenness [J]. Sociometry, 1977, 40 (1): 35-41.

[147] KATSAROS D, MANOLOPOULOS Y. Edgebetweenness centrality: a novel algorithm for QoS-based topology control over wireless sensor networks [J]. Journal of network and computer applications, 2012, 35 (4): 1210-1217.

[148] 李翠平．非结构化大数据分析［M］．北京：中国人民大学出版社，2018.

[149] CHENG X Q, SHEN H W. Uncovering the community structure associated with the diffusion dynamics on networks [J]. Journal of statistical mechanics: theory and experiment, 2010 (4): 04024.

[150] 刘微，谢凤宏，赵凤霞，等．基于局部信息的复杂网络社团结构发现算法［J］．微型机与应用，2011，30（15）：5.

[151] BOGUNÁ M, PAPADOPOULOS F, KRIOUKOV D. Sustaining the Internet with hyperbolic mapping [J]. Nature communications, 2010, 1 (1): 62.

[152] PAPADOPOULOS F, KITSAK M, SERRANO M Á, et al. Popularity versus similarity in growing networks [J]. Nature, 2012, 489 (7417): 537-540.

[153] 马丽丽，郑志明，张占利，等．基于模块和鲁棒性的复杂网络结构和功能特性研究及协同优化［M］．北京：首都经济贸易大学出版社，2017.

[154] TUMMINELLO M, ASTE T, DI MATTEO T, et al. A tool for filtering information in complex systems [C]. Proceedings of the National Academy of Sciences, 2005, 102 (30): 10421-10426.

[155] EVANS T S, LAMBIOTTE R. Line graphs, link partitions, and over lapping communities [J]. Physical review E, 2009, 80 (1): 106105.

[156] ZHANG S H, WANG R S, ZHANG X S. Identification of overlapping community structure in complex networks using fuzzy c-means clustering [J]. Physica A: statistical mechanics and its applications, 2007, 374 (1): 483-490.

[157] LI M, JIANG X, MA L L, et al. Synchronization on time-varying networks [C]. Proceedings of artificial intelligence and software engineering, 2014, 2014: 566-571.

[158] FRIES P, REYNOLDS J H, RORIE A E, et al. Modulation of oscillatory neuronal synchronization by selective visual attention [J]. Science, 2001, 291 (5508): 1560-1563.

[159] PIKOVSKY A, ROSENBLUM M, KURTHS J. Synchronization: a universal concept in nonlinear sciences [M]. Cambridge, Eng.: Cambridge University Press, 2003.

[160] KANTER I, ZIGZAG M, ENGLERT A, et al. Synchronization of unidirectional time delay chaotic networks and the greatest common divisor [J]. Europhysics letters, 2011, 93

(6): 60003.

[161] PORFIRI M. A master stability function for stochastically coupled chaotic maps [J]. Europhysics letters, 2011, 96 (4): 40014.

[162] DORFER F, CHERTKOV M, BULLO F. Synchronization in complex oscillator networks and smart grids [C]. Proceedings of the National Academy of Sciences of the United States of America, 2013, 110 (6): 2005–2010.

[163] DAL'MASO PERON T, RODRIGUES F. Collective behavior in financial markets [J]. Europhysics letters, 2011, 96 (4): 48004.

[164] BARAHONA M, PECORA L M. Synchronization in small-world systems [J]. Physical review letters, 2002, 89 (5): 054101.

[165] GOMEZ-GARDENES J, MORENO Y, ARENAS A. Paths to synchronization on complex networks [J]. Physical review letters, 2007, 98 (3): 034101.

[166] ARENAS A, DIAZ-GUILERA A, PEREZ-VICENTE C J. Synchronization reveals topological scales in complex networks [J]. Physical review letters, 2006, 96 (11): 114102.

[167] BOCCALETTI S, IVANCHENKO M, LATORA V, et al. Detecting complex network modularity by dynamical clustering [J]. Physical review E, 2007, 75 (4): 045102.

[168] LI D, LEYVA I, ALMENDRAL J A, et al. Synchronization interfaces and overlapping communities in complex networks [J]. Physical review letters, 2008, 101 (16): 168701.

[169] NICOSIA V, VALENCIA M, CHAVEZ M, et al. Remote synchronization reveals network symmetries and functional modules [J]. Physical review letters, 2013, 110 (17): 174102.

[170] DAL'MASO PERON T, RODRIGUES F, KURTHS J. Synchronization in clustered random networks [J]. Physical review E, 2013, 87 (3): 032807.

[171] LEYVA I, NAVAS A, SENDINA-NADAL I, et al. Explosive transitions to synchronization in networks of phase oscillators [J]. Scientific reports, 2013, 3 (1): 1281.

[172] LIU W Q, WU Y, XIAO J H, et al. Effects of frequency-degree correlation on synchronization transition in scale-free networks [J]. Europhysics letters, 2013, 101 (3): 38002.

[173] SU G F, RUAN Z Y, GUAN S G, et al. Explosive synchronization on coevolving networks [J]. Europhysics letters, 2013, 103 (4): 48004.

[174] PARK K, LAI Y C, GUPTE S, et al. Synchronization in complex networks with a modular structure [J]. Chaos: an interdisciplinary journal of nonlinear science, 2006, 16 (1): 015105.

[175] OH E, RHO K, HONG H, et al. Modular synchronization in complex networks [J]. Physical review E, 2005, 72 (4): 047101.

[176] ZHENG Z, FENG X, AO B, et al. Synchronization of groups of coupled oscillators with sparse connections [J]. Europhysics letters, 2009, 87 (5): 50006.

[177] ARENAS A, DIAZ-GUILERA A, KURTHS J, et al. Synchronization in complex networks [J]. Physics reports, 2008, 469 (3): 93-153.

[178] ACEBRON J A, BONILLA L L, PEREZ VICENTE C J, et al. The Kuramoto model: a simple paradigm for synchronization phenomena [J]. Reviews of modern physics, 2005, 77 (1): 137.

[179] PERRA N, GONCALVES B, PASTOR-SATORRAS R, et al. Activity driven modeling of time varying networks [J]. Scientific reports, 2012, 2 (6): 1717-1720.

[180] PERRA N, BARONCHELLI A, MOCANU D, et al. Random walks and search in time-varying networks [J]. Physical review letters, 2012, 109 (23): 824-830.

[181] STILWELL D J, BOLLT E M, ROBERSON D G. Sufficient conditions for fast switching synchronization in time varying network topologies [J]. Siam journal on applied dynamical systems, 2005, 5 (1): 140-156.

[182] JIANG X, LI M, ZHENG Z M, et al. Effect of externality in multiplex networks on one-layer synchronization [J]. Journal of korean physical society, 2015, 66 (11): 1777-1782.

[183] GOH K I, KAHNG B, KIM D. Universal behavior of load distribution in scale-free networks [J]. Physical review letters, 2001, 87: 455-475.

[184] GOH K I, CUSICK M E, VALLE D, et al. The human disease network [C]. Proceedings of the National Academy of Sciences of the United States of America, 2007, 104 (21): 8685-8690.

[185] MA Y F, JIANG X, LI M, et al. Identify the diversity of structures in networks: a

mixed random walk approach [J]. Europhysics letters, 2013, 104 (1): 236-247.

[186] KIM Y, KIM J H, YOOK S H. Optimal topology for parallel discrete - event simulations [J]. Physical review E, 2011, 83 (5): 056115.

[187] JIANG X, WANG H L, TANG S T, et al. A new approach to shortest paths on networks based on the quantum bosonic mechanism [J]. New journal of physics, 2011, 13 (1): 013022.

[188] LEE K M, YANG J S, KIM G, et al. Impact of the topology of global macroeconomic network on the spreading of economic crises [J]. Plos one, 2011, 6 (3): 656-660.

[189] PRIGNANO L, SAGARRA O, DIAZ - GUILERA A. Tuning synchronization of integrate - and - fire oscillators through mobility [J]. Physical review letters, 2013, 110 (11): 114101.

[190] KIM S Y, KIM Y, HONG D G, et al. Stochastic bursting synchronization in a population of subthreshold Izhikevich neurons [J]. Journal Korean physical society, 2012, 60 (9): 1441-1447.

[191] KIM S Y, LIM W. Sparsely - synchronized brain rhythm in a small - world neural network [J]. Journal of Korean physical society, 2013, 63 (1): 104-113.

[192] MUKESHWAR D, JIRSA V K, DING M Z. Enhancement of neural synchrony by time delay [J]. Physical review letters, 2004, 92 (7): 074104-074104.

[193] PALANI S, SARKAR C A. Transient noise amplification and gene expression synchronization in a bistable mammalian cell - fate switch [J]. Cell reports, 2012, 1 (3): 215-224.

[194] FUKUDA H, NAKAMICHI N, HISATSUNE M, et al. Synchronization of plant circadian oscillators with a phase delay effect of the vein network [J]. Physical review letters, 2007, 99 (9): 098102.

[195] DORFER F, BULLO F. On the critical coupling for Kuramoto oscillators [J]. SIAM journal on applied dynamical systems, 2010, 10 (10): 3239-3244.

[196] HONG H, PARK H, TANG L H. Finite-size scaling of synchronized oscillation on complex networks [J]. Physical review E, 2007, 76 (6): 066104.

[197] HONG H, UM J, PARK H. Link-disorder fluctuation effects on synchronization in random networks [J]. Physical review E, 2013, 87 (4): 042105.

[198] FRIEDMAN J, HASTIE T, TIBSHIRANI R. The elements of statistical learning [M]. Berlin: Springer series in statistics, 2001.

[199] NEWMAN M E J. Finding community structure in networks using the eigenvectors of matrices [J]. Physical review E, 2006, 74 (3): 036104.

[200] BALL B, KARRER B, NEWMAN M E J. Efficient and principled method for detecting communities in networks [J]. Physical review E, 2011, 84 (3): 036103.

[201] KARRER B, NEWMAN M E J. Stochastic blockmodels and community structure in networks [J]. Physical review E, 2011, 83 (1): 016107.

[202] NADAKUDITI R R, NEWMAN M E J. Graph spectra and the detectability of community structure in networks [J]. Physical review letters, 2012, 108 (18): 188701.

[203] ABE S, SUZUKI N. Dynamical evolution of the community structure of complex earthquake network [J]. Europhysics letters, 2012, 99 (3): 39001.